欧洲环境风险应急与处置技术

——塞维索指令及其应用

王　黎　著

中国环境出版社・北京

图书在版编目（CIP）数据

欧洲环境风险应急与处置技术：塞维索指令及其应用/王黎著. —北京：中国环境出版社，2017.5

ISBN 978-7-5111-2980-2

Ⅰ. ①欧… Ⅱ. ①王… Ⅲ. ①环境管理—风险管理—环境标准—研究—欧洲 Ⅳ. ①X321.500.2-65

中国版本图书馆 CIP 数据核字（2016）第 304393 号

出 版 人 王新程
责任编辑 孔 锦
责任校对 尹 芳
封面设计 岳 帅

出版发行 中国环境出版社
（100062 北京市东城区广渠门内大街 16 号）
网 址：http://www.cesp.com.cn
电子邮箱：bjgl@cesp.com.cn
联系电话：010-67112765（编辑管理部）
发行热线：010-67125803，010-67113405（传真）
印 刷 北京市联华印刷厂
经 销 各地新华书店
版 次 2017 年 5 月第 1 版
印 次 2017 年 5 月第 1 次印刷
开 本 787×960 1/16
印 张 12.25
字 数 230 千字
定 价 59.00 元

前　言

《欧洲环境风险应急与处置技术——塞维索指令及其应用》是环境风险应急与处置的重要专业著作和专业教材,也是第一部关于塞维索指令在中国应用的教材。

环境风险是指在一定区域或环境单元内，由人为活动或自然等原因引起的“意外”事故对人类、社会与生态等造成的影响及损失等。近年来，我国突发环境事故形势比较严峻，连续发生了多起特大和重大环境事故，如化学品泄漏、石油泄漏、核电站爆炸等。原因之一是当下我国已有的环境应急管理之规定，因其内在不足而出现功能欠缺，未能在环境事故中实现利益受损最小化目标。我国在立法技术、理论以及方法体系等方面的研究成果却难以满足制度发展的需要。因此，有效地管理、应对、控制、驾驭和化解环境风险既是政府的重要任务，也是学术界的重大课题。

为了有效控制突发环境事故，研究与借鉴已完成工业化进程的国家或地区环境应急管理制度建设的成功经验,有选择性地对欧洲国家环境应急法制历史和现状进行解读，从而为我国的制度构建提供理论支撑，是完善我国环境风险应急管理制度的有效途径。

《欧洲环境风险应急与处置技术——塞维索指令及其应用》强调要根据我国实际情况借鉴塞维索指令，使其本土化，通过塞维索指令在我国的广泛应用，进而帮助我们治理环境问题。

本书分绪论、塞维索指令应用方案、欧洲环境风险管理的塞维索指令体系、环境风险管理塞维索指令的工业企业风险评价方法、国内外环境危险化学品的风险管理比对分析、欧洲环境风险管理的塞维索指令的主要危险化学品与管理控制方法、我国环境风险问题及塞维索指令的实行七个部分。本书层次清晰、注重基础、简明实用。

参与编写的还有张洪杰、乔茜妮、胡宁、李祎、于洪海、刘广、曹旭、胡林、冯涛、马力、石晓康、李洋洋、付江清等。本书的编写过程中得到了环境保护部、中国环境出版社等单位和全体参编人员的大力支持和帮助，为本书的编写提供了帮助，在此表示衷心感谢。本书还参阅了国内外多位专家、学者的著作和文章、《欧洲环境风险管理指南》。在此，向各位深致谢意。

本书可作为高等院校环境科学与工程、安全科学与工程、化工等专业高年级本、专科生参考教材，也可供研究生、科研人员、现场技术及管理人员和相关的人员参考使用。

由于水平有限，时间仓促，书中仍不免存在一些不当和疏漏之处，恳请有关专家、学者和广大读者多提宝贵意见。

王　黎

目 录

1 绪 论

突发环境事故已成为新闻热点来源之一，如化学品泄漏、石油泄漏、核电站爆炸等，这些事件无一不引起人们极大的关注，且直接影响环境事故所在地人民的人身健康及财产安全问题，正如乌尔里希·贝克所言的那样，人类社会已经处于“风险社会”。因此，现代社会管理应将环境风险纳入制度化管理的程序中，正确的预防和消除环境风险。

由于人类社会应对环境风险的对策特别是法治进程中所追求的法律制度出现了缺位、失范，因此，如何对现有法律制度进行完善或重构以应对环境风险就成为我们亟须解决的一个问题。当下我国已有的环境应急管理制度因其内在不足而出现功能欠缺，未能在环境事故中实现利益受损最小化目标。因此，如何有效地管理、应对、控制、驾驭和化解环境风险既是政府的重要任务，也是学术界的重大课题。然而，我国在立法技术、理论以及方法体系等方面的研究成果却难以满足制度发展的需要。因此，研究与借鉴已完成工业化进程的国家或地区环境应急管理制度建设的成功经验，有选择性地对西方国家环境应急法制历史和现状进行解读，从而为我国的制度构建提供理论支撑，是完善我国环境风险应急管理制度的有效途径。

1.1 主要概念

1.1.1 环境风险的概念及内涵

环境风险是指在一定区域或环境单元内，由人为活动或自然等原因引起的“意外”事故对人类、社会与生态等造成的影响及损失等。它具有以下几点内涵及特征。

（1）风险源。即导致风险发生的客体以及相关的因果条件。风险源既可以是人为的，也可以是自然的；既可以是物质的，也可以是能量的。它的产生是随机的，具有相应概率，可以通过数学、物理、化学方法来确定。

（2）风险行为。风险源一旦发生，它所排放的有毒有害物、释放的能量流将立即进入环境，并可能由此导致一系列的人群中毒、火灾、爆炸等严重污染环境与破坏生态的行为，即风险行为。

（3）风险对象。即评价终点或受害对象（受体），风险对象可以是人类，也可以是实物的、生态的。对单个受害体所产生的风险，可以称为个体风险，对一组个体的风险可以称为群体风险或总体风险。

（4）风险场。即风险产生的区域及范围。它包括风险源与风险对象，是风险源物质上和能量上运动的场，具有相应的时空条件。

（5）风险链。风险源一旦在风险场中发生，其周围的风险对象都有可能因此而受到影响。随着时间的推移，这种影响不仅局限于某一个风险对象，它会逐渐扩展到与该风险对象相关联的其他对象，并可能沿这些受影响的对象继续传递。有时，某风险作用到某一对象上，该对象可能会由于物理、化学反应而产生新的风险影响，或者随生产流程的进展而进展，整个风险呈“链”式传递。

（6）风险度。即风险源作用于风险对象物质上或能量上的贡献大小，也可定义为损害程度或损害量。风险度的大小取决于风险源的强度与风险场的时空条件，它可以通过风险标准（不同级别的接收水平）来判断，对于不同的风险对象，其标准体系不同。

（7）风险损失。即风险产生的经济损失，可以用货币来度量。

1.1.2 环境风险管理

按照有关风险管理的概念，把环境风险管理看作是风险管理在环境保护领域的应用。它既可以看作是一种特殊的管理功能，也可以归为风险管理学科的分支学科。具体来说，环境风险管理就是指由环境管理机构、企事业单位和环境科研机构运用各种先进的管理工具，通过对环境风险的分析、评估，考虑到环境的种种不确定性，提出供决策的方案，力求以较少的环境成本获得较多的安全保障。

环境风险管理的目的是在环境风险基础之上，在行动方案效益与实际或潜在的风险以及降低的代价之间谋求平衡，以选择较佳的管理方案。通常，环境风险管理者在需要对人体健康或生态风险做出管理决策时，可有多种可能的选择。决策的过程必须在潜在风险和下列因素之间取得平衡：①消费者的期望；②宣传教育以便消费者做出选择；③企业所需付出的代价及最终转嫁到消费者身上的费用；④控制和减轻人体与生态暴露的能力；⑤对商贸的影响；⑥采用危害较小替代物品的可能性；⑦加强管理的能力；⑧对未来法规政策的影响。

1.2 塞维索指令的发展史

意大利是一个灾害多发的国家，尤其是20世纪70年代以来，国家经历过多次重大伤亡事故及影响深远的重特大突发公共事件，敲起了人们强烈关注的警钟，对这些事件进行处理，逐步形成了符合本国国情的突发公共事件应对体系。1974年6月，在意大利北部城市塞维索发生的蒸汽云爆炸事故造成了28名工人死亡，整个工厂被炸毁，厂外建筑也遭受了严重的破坏。在随后的1976年，同样是在这座城市，一家生产杀虫剂和除草剂的化工厂含有高浓度四氯二苯并二噁英（TCDD）的蒸汽云从反应堆中泄漏出来。1976年发生的事故直接促进了预防和控制此类事故的立法工作。1982年，欧洲共同体通过了针对特定行业活动重大事故灾害的82/501/EEC指令，通常称作《塞维索指令》。之后发生了多起重大事故，使塞维索指令进行了两次修改。塞维索指令是防止危险化学品重大事故灾害的发生，削弱或限制危险化学品重大灾害事故发生后的危害，保障人身安全和健康，同时也是维护环境安全、减少环境危害的环境风险管理体系。适用范围为工业企业，它既包括工业的生产活动，也包括工业企业中危险化学品的存储。目标是：保障人身安全和健康，维护环境安全，减少环境危害。

1996年12月9日，关于控制重大事故灾害的指令96/82/EC，即《塞维索Ⅱ指令》出台。此指令中有重大修改，且增加了新的概念。包括修改和扩大指令的适用范围，对安全管理制度、应急预案、土地使用规划和成员国进行检查需遵从的规定，均增加了新的要求及较高水准的安全保护。其适用范围为存在危险物质的区域。既包括工业“活动”，也包括危险化学品的仓储。规定了30种（类）化学品的临界值，临界值分为低值和高值；确定了风险等级。对未列出的危险物质按物质毒性、易燃易爆性、环境有害性分类规定了临界值。

2003年欧盟对塞维索指令进行了再一次完善，即《塞维索Ⅲ指令》。此次修改的主要目的是扩大指令的适用范围，其中新增加了易燃易爆危险品，以及企业生产活动（如高温、高压等）可能带来的风险。

1.2.1 国外塞维索指令进展

1.2.1.1 塞维索指令在意大利的发展

（1）意大利塞维索指令的发展背景

塞维索是意大利伦巴第大区蒙萨和布里安萨省的一个城镇，面积为 7.34 km^2，1976 年，当地一家化学工厂的三氯酚反应器因为冷却水不足，使外侧的蒸汽涡轮将反应器升温至 300℃，导致反应失控，大量戴奥辛及其他有毒物泄出，散落在西南约 100 hm^2 的地区。事后鉴定，该污染物为二噁英化合物中剧毒的 TCDD 化合物。由于该工厂坐落在人烟稠密地区，距意大利第二大城市米兰仅 20 km，事故后五天内，鸟、兔等动物开始死亡，同时儿童们也出现了氯痤疮样症状，意大利政府关闭了该工厂，禁止食用附近农产品，并竖立危险标示牌。至 6 月下旬，TCDD 化合物重度污染土壤从 15 hm^2 扩散到 108 hm^2，涉及居民 670 人；轻度污染区污染面积 270 hm^2，涉及居民 4 855 人；污染预警区污染面积 1 430 hm^2，涉及居民 32 481 人，史称“塞维索事件”。塞维索事故的发生直接促进了欧盟预防和控制此类化工企业安全事故的立法工作，也由此成为随后制定指令的代名词。1982 年，欧盟通过了针对化工企业活动重大事故灾害的 82/501/EEC 指令——通常称作《塞维索 I 指令》。1988 年，意大利通过几次国内重大事故逐步将欧盟塞维索指令引入国内，并不断加以丰富和细化《塞维索 I 指令》，形成了具有意大利本土特色的 DPR 175/88 法令，要求意大利所有的化工企业强制执行。从预防工业事故发生、尽量减少损失的角度，对企业的安保措施和检查监控等方面提出要求。

1984 年，印度博帕尔（Bhopal）市联合碳化物公司异氰酸甲酯的泄漏造成 2 500 多人死亡，50 万人受到影响；1986 年瑞士巴塞尔市圣多兹化工厂在灭火时使用了含有水银、有机磷酸酯杀虫剂和其他化学剂的水，造成莱茵河大面积污染、数以百万计的鱼死亡。这两次事故发生之后，欧盟对《塞维索 I 指令》进行了修订，于 1996 年通过了《塞维索Ⅱ指令》。《塞维索Ⅱ指令》在新增内容中特别强调企业安全系统的管理，要求政府相关部门在监督企业建立安全系统的基础上加强对企业安全系统运行的监管，根据企业风险程度制定相应的应急预案；《塞维索Ⅱ指令》还规范了危险企业的土地利用，在城市规划过程中充分考虑危险企业的风险。1999 年意大利从关注高危工业行业对环境影响的角度，以 334 号法令修订出台了《塞维索Ⅱ指令》，确定了 1 178 家环境风险重点监管单位，对其危险化学元素特征、生产过程安全规定及相应的预防措施等进行规定并列表，对之前的DPR 175/88 法令进行了补充。

2000 年罗马尼亚巴亚马雷金矿，大雨和融雪造成溃坝和泥石流，污染物注入帝萨河支流，导致鱼类大量死亡，造成下游匈牙利境内 200 万人饮水中毒。同年荷兰恩斯赫德发生了一起震惊世界的烟花仓库爆炸事故，将这个城市中的一整片社区夷为平地。上述两次灾害发生后，欧盟对塞维索指令的内容进行了进一步的调整，在《塞维索Ⅱ指令》的基础上发展出《塞维索Ⅲ指令》。这次修订都是为了扩大指令的适用范围，塞维索指令Ⅰ和Ⅱ中只包含有毒、有害的危险品，《塞维索Ⅲ指令》中新包括了易燃易爆危险品，以及企业生产活动（如高温、高压等）可能带来的风险。2005 年意大利完成了《塞维索Ⅲ指令》的本土化，形成意大利的 D.Lgs 238/05 法令。以 238 号法令修订出台了《塞维索Ⅲ指令》，对国家安全管理机制和突发公共事件联络机制以及检查企业事故风险等方面内容做了详细规定，至此意大利形成了基于塞维索指令的关于工业企业风险管理的完整法律体系（图 1-1）。

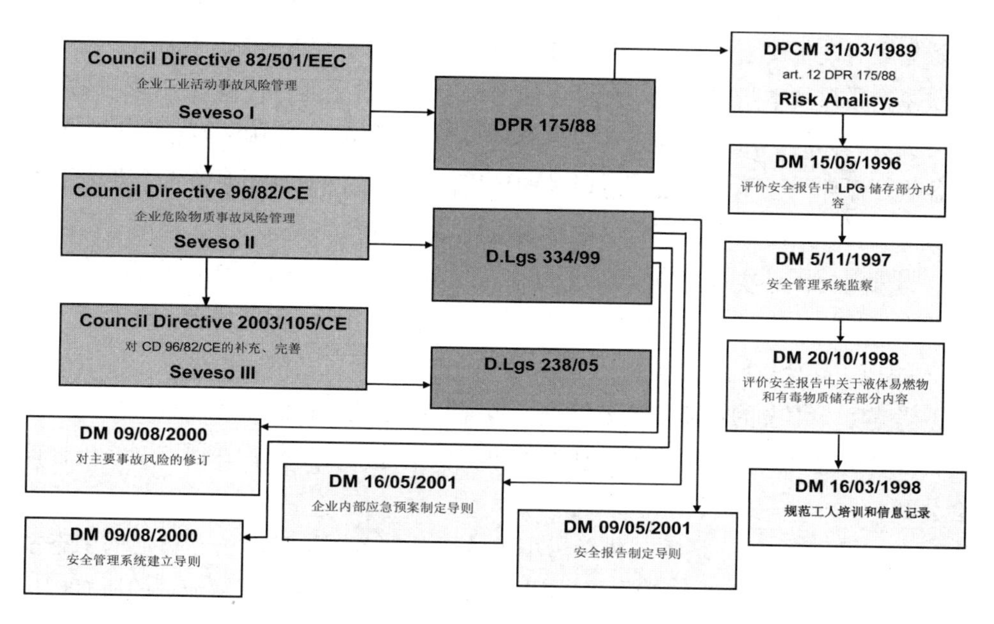

图 1-1 意大利工业企业风险管理法律体系

1.2.1.2 德国塞维索指令的发展

（1）德国在欧盟的地位

德国位于欧洲的中心，也是欧盟的中心。欧盟25个成员国中8个是德国的近邻。德国占这个区域的9%，人口的18%。在德国有1 900个化学公司，他们持有欧盟化学工业产率26%的股份。近90%的德国化学公司有员工近500人，因此算是中小企业。

在立法方面，基于《塞维索Ⅱ指令》，德国的设备安全事务受到其支配，德国联邦政府的职能是将《塞维索Ⅱ指令》转换成联邦法律，这个法律是原则性的法律，称为《事故法》。

在管理体制方面，联邦一级的德国环境、自然与核安全部（简称环境部）主要负责预防与应对设备安全，德国环境部下设6个司，分别是环境保护部战略司；气候变化、能源与国际合作司；核安全司；废物管理与土壤保护司；环境健康、设备安全及交通、化学品安全司；自然资源保护和可持续利用司。每个司下设2～3个副司。其中监督企业职能在州以下的区级政府，执法工作由区的设备安全部门负责。环境健康、设备安全及交通、化学品安全司下设的设备安全司具体负责预防与应对设备安全事务。联邦中的16个州，分别设有相关的职能部门，负责执行欧盟、联邦及本州的法律。州以下的区政府负责对企业行使监督职能，区环保部门负责具体的执法及管理。需强调的是，与中国不同，德国涉及设备安全管理的各级环保部门，不仅负责厂界以外的环境污染处置，而且还要负责企业内部的设备安全管理，防止设备安全事故对人和环境的影响。

另外，德国环境部出资成立并运转安全设施委员会，作为德国环境部的一个主要咨询机构。委员会成员包括专家、工会、NGO组织、行业协会、企业等，共28人组成。安全设施委员会按照预防为主的原则，研究塞维索指令并进行事故分析，考虑哪一部分的设施安全还能进一步提高，哪些法律法规还能进一步完善，对行业现有的规定是否适用等。研究结果提供给德国环境部，并通过网络进行社会公开。

1986年发生的一场重大化学污染事件更是大范围地破坏了莱茵河的生态系统。该事件的发生直接促使生态恢复行动迈出了第一步。莱茵河流域的所有成员国共同制订了国际莱茵河行动计划（RAP）。德国采用多种监测预警结合的方法对莱茵河流域进行监控。主要有三种形式：①企业自报。当企业发现可能对河流造成污染的情况，会立即将相关信息报告给当局，如污染物质的种类、量。②化学—物理监测，通过对一些特定污染物的参数在线监测，判断水质的情况，发生污染情况向当局报告。③生物—化学监测。一旦敏感的水蚤活性或者运动轨迹发生变化，发出生物测试警报，监测站立即对水质进行化学—物理检测，检测结果如果发现污染情况，立即报告当局。获得以上三种信息预警，当局会立即通知国际预警中心，及时进行预警并发布信息（图 1-2）。

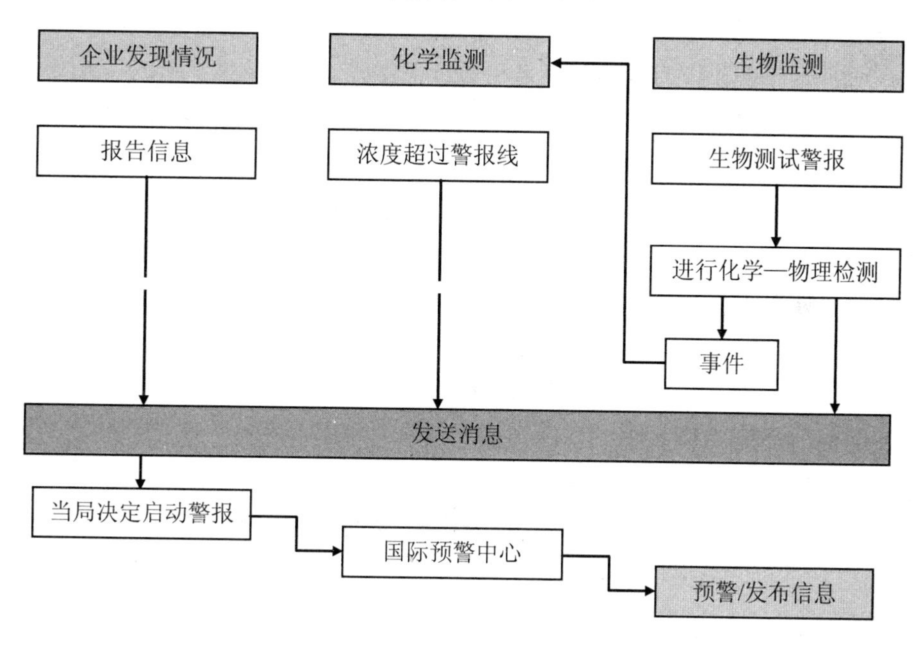

图 1-2 德国多种监测预警方式

1.2.1.3 英国塞维索指令的发展

（1）指令发展背景

随着工业的迅速发展，英国也不可避免地面临许多工业灾害。英国长期以来对主要危害都有关注，1972 年第一次引进主要危险试点土地利用制度规定，但在 1974 年弗利克斯伯勒爆炸才成立了主要事故咨询委员会，促进了针对处理这个问题的一系列策略的发展。委员会提出了三个方面的策略：

①鉴别主要危险源点——塞维索指令应用的前导；

②采取防范控制措施，降低危险到极低水平是合理可行的，但是因为不能消

除危险且主要事故后果严重，所以仍然需要塞维索指令的指导；

③减轻事故影响的阈值。

当意大利塞维索事件促进欧洲采取行动时，英国已经通过立法落实了这个策略。引进塞维索指令后，1984 年工业主要事故危害控制条例正式执行。塞维索和 CIMAH（Control of Industrial Major Accident Hazards，工业重大事故危险源的控制）主张一个反应 ACMH 战略框架：

①鉴定化学物清单；

②要求经营商采取有效措施确定和预防主要危害，大量化学物被要求出示安全报告；

③经营商和当局制订相关应急计划，并向公众提供应急计划信息。

尽管制定了工业主要事故危害控制条例，但 1989 年一个基本审查开始认识到该管理制度的不足，这个审查促成了一个新的指令。审查揭露的主要问题有：

①使用方法复杂且固定——列表物质赶不上化学市场的变化；

②指令有很多漏洞——没有关于土地利用计划，没有充分强调安全管理系统；

③炸药和化学危害在核设施方面免税是不合适的。

从工业主要事故危害控制条例到重大事故危险控制条例，新条例的主要改变如下：

①确定了关于有毒、易燃、生态毒物等物质的基本分类的应用程序，所有分类的化学物或更改分类将包括在范围内；

②参考有毒、易燃等基本物质，确定应用分类的阈值；

③要求规划土地利用，修改规划法律使其覆盖包含 COWA 范围的所有设施，确定环境保护和人类安全；

④经营商要提出主要事故预防对策和应用安全管理系统；

⑤阐明了安全通报的内容和目的；

⑥安全通报要被公众有效利用；

⑦应急规划每三年检测一次，且要包括环境补救和清洁工作；

⑧扩展了执行当局职责，覆盖了安全报告评定、事故调查。

在 1998 年 5 月 HSE（Health and Safety Executive，健康安全执行局）和 DETR（Department of the Environment Transport and the Regions，环境运输与区域部）发布了一个商议文件展示了一个法律草案和阐述指导。这个资讯周期于 9 月 4 日结束，分析了顾问的意见，修正了提议。这个条例要求在 1999 年 2 月 3 日准备就绪。

其中职责的一部分，如需要必须立即采取必要措施进行应用的规定及需要分阶段完成的规定，安全报告和应急计划的准备等。一般情况下，要求在 2002 年 ClMAH 中要涵盖这些设立点。

首先提出重大危害设施（major hazard installations），它是指长期的或临时的加工、生产、处理、搬运、使用或储存数量超过临界量的一种或多种危险物质，或多类危险物质的设施。

其法律依据：

1999 年，结合“塞维索Ⅱ法令”，实施“重大事故危险控制法规”（COMAH）；

2004 年，实施“民事紧急法令”。

1.2.1.4 美国塞维索指令发展

美国主要环境风险管理法律框架：

- 1968 年，《全国应急计划》（NCP），美国对处理或应对泄漏污染的综合法律框架；
- 1972 年，《清洁水法案》（CWA）；
- 1975 年，《危险物质运输法案》（HMTA）；
- 1980 年，《综合环境应对、赔偿和责任法案》（CERCLA）；
- 1985 年，《化学突发事故应急准备计划》（CEPP）；
- 1986 年，《应急计划与公众知情法案》（EPCRA）；
- 1990 年，《空气清洁法修正案》（CAA）；
- 1990 年，《油污染控制法案》（OPA）。

《综合环境应对、赔偿和责任法案》（CERCLA）规定了企业排放有害物质的责任、赔偿、清理和应急反应。规定了报告危险物质泄漏程序，创立了危险物质及报告阈值（RQ）清单，当一种危险物质被排放到环境中，并且排放量在 24 小时内超过了需要报告的最低限值，该排放必须要向全国应急反应中心报告。对于已关闭的和被废弃的危险废物场所实行禁令和要求，当无法确定责任方的时候，建立的信托基金将提供清理的费用。

1.2.2 我国塞维索指令的发展

随着我国经济的快速发展，出现了一系列重大、特大环境安全事故，严重影响着我国经济建设的发展。我国目前对环境风险的控制措施主要以环境风险识别为主，经历了以下的发展历程：

- 1988 年 10 月，北京环境科学学会召开了“环境风险评价”学术讨论；
- 1989 年 5 月，国家环保局召开了“环境紧急事故应急措施研讨会”，开始风险评价工作；
- 1990 年颁发环管字第 057 号《关于对重大环境污染事故隐患进行风险评价的通知》；
- 1993 年，国家环保局颁布《环境影响评价技术导则总则》；
- 2004 年 12 月 11 日颁布执行《建设项目环境风险评价技术导则》，并于 2009 年修订；
- 2007 年 8 月 30 日通过了《中华人民共和国突发事件应对法》；
- 2011 年 1 月 6 日发布了《环境风险评估技术指南——氯碱企业环境风险等级划分方法》；
- 2011 年赴德国执行“中德合作‘清单法’应用及流域预警技术交流任务”报告。

“环境风险防范”是我国“十二五”环境保护三大战略任务之一。规划中明确提出了加强重点领域环境风险防控的要求，“以生产使用危险化学品的企业为重点，全面调查重点环境风险源和环境敏感点，建立环境风险源数据库”。

目前塞维索指令在我国的发展还处于探索阶段，还需要进一步的学习、适应、发展和完善：

①针对日益严重的环境风险问题，我国已经与欧盟就塞维索指令展开了多次交流与合作；

②虽然现在塞维索指令在我国还没有得到普及，相关知识还知之甚少，但是以前的相关研究已为塞维索指令本土化奠定了坚实基础；

③为推进本土化进程，有必要在适宜地区开展本土化试点；

④探索完善塞维索指令本土化工作原则、内容、程序、方法和要求；

⑤在适宜条件下，向国内同类地区推广，实现控制、减少化工企业活动中重特大环境事故危害的目标——与国际接轨。

2 塞维索指令应用方案

2.1 塞维索指令应用的意义

随着全球化的发展，环境问题已不仅仅是一个地区或一个国家关心的问题，而是国际密切关注的问题。随着经济的快速发展，伴随着一些环境问题的出现，环境已成为经济发展中不可忽略的一部分。由于地域和国情的不同，各国都存在相应的环境问题，对此每个国家根据实际情况都在做相关的应对政策。当然由于每个国家的经济状况不同，对于环境的重视度也有所不同。特别是化工业的迅速发展，带来了各种相关的环境隐患，20 世纪 70 年代以来由于重大工业事故的不断发生，带来的环境问题已经极大地伤害到人类的生命财产安全和自然生态的稳定。特别是在欧洲国家已经表现得很明显了。预防和控制重大工业事故已经成为各国经济和技术发展的重点研究对象之一，引起了国际广泛重视。塞维索指令的提出为这些问题的解决提供了重要的帮助，塞维索指令在国外已经得到了很好的发展，并逐步完善，现已经发展到《塞维索III指令》。我国在预防和控制重大工业事故方面做的比较少，只有极少数的企业采用了塞维索指令的相关内容，但也没有做到系统化。

随着我国经济迅速发展，我国已经进入环境事故高发期，环境安全形势严峻，对环境风险问题的治理已经是刻不容缓了，面对各种环境风险问题，我国积极努力响应各种可以为我所用的方法措施。针对日益严重的环境风险问题，我国已经与欧盟就塞维索指令展开了多次交流与合作，虽然可以参照并应用于我国，但由于国家的具体情况不同，要全部照搬是不切实际的做法，必须根据我国实际情况借鉴塞维索指令，使其本土化，让塞维索指令在我国得到广泛应用，帮助我们治理环境问题，这是我们研究塞维索指令中国化的主要目的。

2.2 塞维索指令应用时涉及的内容

2.2.1 重大化学危险源及其判定标准

根据ILO 第174 号公约规定[1]，所谓“重大危险源设施”是指永久性或临时生产、加工、搬运、使用、处置或储存一种或多种数量超过规定的阈限量的危险化学品的装置设施。由于这些设施生产或储存的危险物质的性质和数量，可能发生爆炸或燃烧和重大化学事故，造成数千克或成吨剧毒或有毒物质释放到环境中，导致工厂内外大量人员伤亡或者严重的财产损失与环境污染。通常可能发生重大危险事故的工业危险源有石油化工厂和炼油厂；化工厂和化学品生产装置；液化石油气储罐和终端；化学品储存和分销中心；大型化肥仓库；爆炸品工厂以及大量使用氯气的工厂。

《塞维索Ⅱ指令》根据危险化学品的毒性、易燃性、爆炸性和环境危险性，重新确定了30种（类）特定危险物质以及其他各类危险性化学品的阈限量，作为重大危险源设施的判定基准。

2.2.2 中国与西方发达国家应急管理特点对比

相比较而言，欧美的应急管理从体系、法制、机制、能力建设相对完善，分析存在的差距主要分为两种。

（1）由于我国和西方国家的国情不同，造成现阶段很难缩短的差异，具体体现如下：

①应急管理模式。

美国应急管理已发展成为今天的循环、持续改进型的危机管理模式。联邦政府指定国土安全部作为处理紧急事件的核心机构，下辖环保、消防、海卫队等22个联邦部门；我国还处于美国“9·11”恐怖袭击事件之前的应急管理模式，即以单项灾种为主的原因型管理——按突发公共事件类别、原因分别由对应的行政部门负责。

②应急指挥中心。

美国各级政府部门的应急指挥中心作为应急设施，不配备专职人员，不负责处理普通公众的报警、求助电话，仅作为灾害应急过程中地方政府官员协商、协调应急救援活动的场所；我国应急指挥中心当作组织机构建设，且分类、分部门建设，配备专职应急指挥人员，承担应急指挥和资源调度职能，受理普通公众报警、求助的电话。

③救援队伍建设。

美国救援队伍建设采取职业化和志愿相结合的方式，在救援队伍的选拔和认可上实施全国一致的培训和考核标准；我国救援队伍一般按灾害类别实行分类建设和管理，各类救援队伍均按各自管理部门的要求，指挥结构、术语、装备和系统接口不统一，相互之间难以协调配备装备和开展训练、演习工作。

④应急管理机制。

美国以应急区域的各个地方政府为节点，形成扁平化应急网络，各应急节点的运行均以事故指挥系统、多机构协调系统和公共信息系统为基础。以灾害规模、应急资源需求和事态控制能力作为请求上级政府响应的依据；在突发公共事件应急处置过程中，我国参照日常行政管理模式，形成分层、树状指挥体系，并按事件后果分级标准实施相应级别的行政干预。

⑤应急管理的法制基础。

美国已经形成了以联邦法、联邦条例、行政命令、规程和标准为主体的法律体系。一般来说，联邦法规定任务的运作原则、行政命令定义和授权任务范围，联邦条例提供行政上的实施细则。此外，美国已制定《国家突发事件管理系统》，要求所有联邦部门与机构依此开展事故管理和应急预防、准备、响应与恢复计划及活动，同时，依此对各州、地方和部门各项应急管理活动进行支持；我国尚未颁布有关突发公共事件应急处置的综合性法律，仅出台了一些针对特定灾害的单项法律法规，如《消防法》《防洪法》和《破坏性地震应急条例》等，尚未出台任何有关多个机构、多个区域如何协调应急的规范性文件或标准。

⑥应急资源保障。

美国利用《国家应急预案》应急支持职能附件的方式，明确了联邦政府机构和红十字会的资源保障任务，并确定了牵头机构和支持机构。牵头机构负责提供人力，并尽可能获取足够使用的应急资源；支持机构应牵头机构要求，提供人力、装备、技术和信息方面的支持；我国突发公共事件应急资源保障基本按日常行政职责分工方式，由相关的各部门负责提供资源保障。应急处置时，由于事前不易得到沟通和解决，各种各样的临时性资源的保障不易得到有效的调集。

⑦应急预案。

美国国家应急预案适用于国内所有灾害和紧急事件，主要由基本预案、附录、紧急事件支持功能附件和支持附件组成，且编制、评审、评估都有指导性的文件；我国国家应急预案基本按突发公共事件类别和各部门的行政职责组织编制，国家预案主要由1个总体预案、25个专项预案和80个部门预案组成。

（2）由于重视程度不够造成与西方国家的差异，以应急宣传工作为例。

我国应积极向西方国家学习，根据应急事故种类制定各类针对性强、可操作性强的宣传小册印发给公众，使得公众在常态下对应急事故有所认知，对物资储备、避险常识等有所了解，才能做到非常态下处事不惊、合理避险。

2.3 塞维索指令应用的主要目的

基于塞维索指令体系，以沈阳市为试点，开展本土化研究。初步确立塞维索指令本土化工作原则、内容、程序、方法和要求。通过试点研究逐步扩展到全国范围内。主要研究危险化学品重大事故灾害防范，削弱或限制危险化学品重大事故灾害事故后续危害，特别是为防范工业企业生产活动与生产过程中危险化学品存储的环境风险，尝试建立我国自己的本土化指令体系。

提出塞维索指令本土化解决方案，在沈阳地区实现塞维索指令本土化。并编制《塞维索指令体系本土化工作指南》，为全国范围的塞维索指令本土化工作提供借鉴与参考。并会相继完成塞维索指令全国范围试验应用。

塞维索指令在沈阳进行本土化试点，将充分考虑到化合物的存储量及化合物毒性，以及我国的危险化合物的分类标准；对重点领域高危企业、危险企业和危险较低企业进行风险分析，建立包含企业内外部风险因素清单，并形成包括与企业环境安全相关的所有数据和信息的风险评估报告；采用经验和模型结合的方法对企业风险进行定量表征，常用模型包括HAZOP、FMEA/FMECA、What-if等；依托沈阳市环境应急综合管理系统，对本土化试点工作进行电子化管理，将沈阳市重点领域企业历史环境风险信息排查成果与指令体系融合，对可能发生的主要事故进行计算机模拟；邀请国内外相关专家赴沈指导，加强技术交流与合作。这些都为塞维索指令中国化奠定了坚实的基础。

3 欧洲环境风险管理的塞维索指令体系

作为一个经济发达、并且发生过许多重大环境事故的地区，欧盟在环境事故应急的法律机制建设方面卓有成效。1982 年，在塞维索事件之后，欧洲共同体通过了 82/501/EEC 指令（又名《塞维索 I 指令》），主要适用于在生产和贮存过程中产生有害物质超过指令设定标准的化学品工厂。1996 年，该指令被《塞维索 II 指令》（96/82/EC）所替代，2003 年的 2003/105/EC 指令对其进行了扩展。2003 年的指令最主要的补充是扩大了适用范围。《塞维索 II 指令》的主要目标有两个方面：其一，阻止大规模的有害物质事故发生；其二，当事故发生并持续时，指令要求限制此类事故的后果，不仅为了人体健康，而且也为了环境。但是，《塞维索 II 指令》的适用范围还仅仅只是工业生产活动和贮存危险化学品所导致的环境事故，对于核安全、危险物质的运输以及短时间临时贮存与管道输送危险物质导致环境事故的，则不包含在该指令当中。2011 年，在吸取过往事故的经验教训与对《塞维索 II 指令》的评估基础之上，欧盟又启动了《塞维索 III 指令》的起草程序。这一轮指令修订的重点在于如何保障公众的信息获取和增加公众参与的途径。

3.1 《塞维索 I 指令》的适用范围及主要内容

3.1.1 《塞维索 I 指令》的目的和适用范围

塞维索的执行具有双重目的。其一，预防危险化学品重大事故灾害的发生。其二，削弱或限制危险化学品重大事故灾害事故发生后危害，包括两方面的内容：一是保障人身安全和健康；二是维护环境安全，减少环境危害。

塞维索指令的适用范围为工业企业，它既包括工业的生产活动，也包括工业企业中危险化学品的存储。但是，该指令不包括工业企业对危险化学品运输过程以及油气等的管道输送过程。

3.1.2 《塞维索Ⅰ指令》主要内容

塞维索指令的管理理念主要是对管理对象实施分类分级管理。核心内容是对工业企业进行风险评估，保障措施是企业安全管理系统，外部接口是工业企业信息通报及公示。

（1）分类分级管理

塞维索指令充分考虑到化合物的存储量及化合物毒性，制定了危险化合物的分类标准，标准中列出了化合物存储量的上限和下限，并基于此对企业进行分类，并在管理中对不同类型的企业提供三个级别的控制（表 3-1）。定义为 A1 级的企业属于高危企业，该企业包含的危险化学品的数量大于或等于危险化合物的分类标准的上限值，因此，在对企业的管理上最为严格。要求 A1 级的企业必须制定安全报告，证明企业具有事故应急能力及安全管理系统以应对一切可能的环境应急事件，安全报告需要主管部门审批通过；要求企业制订内部应急预案，同时要求企业配合当地政府制订外部应急预案；企业信息及安保措施应及时通知主管部门及当地民众。在意大利工业企业安全报告的审批主管部门为大区的委员会，该委员会由环保部门牵头，组织消防、民防、安监等部门相关人员参加，同时邀请专家成立专家小组，提供技术支持。

表 3-1 工业企业分类标准及分级管理措施

分级	分级标准	管理措施
A1	工业企业中危险化合物的数量超过危险化合物的分类标准的上限值	要求制定安全报告，报告应包含企业应急预防策略和应急管理体系，并保证在企业中实施；要求制订企业内部应急预案，同时配合当地政府制订外部应急预案；要求企业信息及安保措施应及时通知主管部门及当地民众
A2	企业包含的危险化学品的数量大于或等于危险化合物的分类标准的下限值，但低于上限值	要求企业向主管部门提交安全管理相关信息；建立企业安全管理系统；要求企业制订内部应急预案，同时配合当地政府制订外部应急预案
C	企业包含的危险化学品的数量小于危险化合物的分类标准的下限值	要求企业进行风险分析，并形成风险评估报告

定义为 A2 级的企业属于危险企业，该企业包含的危险化学品的数量大于或等于危险化合物的分类标准的下限值，但低于上限值；在对企业的管理较为严格。要求 A2 级的企业无须制定安全报告，但需要向主管部门提交安全管理相关信息；建立企业安全管理系统；要求企业制订内部应急预案，同时要求企业配合当地政府制订外部应急预案。

定义为 C 级的企业属于危险较低企业，该企业包含的危险化学品的数量小于危险化合物的分类标准的下限值；对企业的管理、控制措施相对较少。要求 C 级的企业进行风险分析，并形成风险评估报告。

（2）工业企业安全报告

工业企业安全报告制定的目的包括：向主管部门证明企业制定的安全方案及企业安全管理系统能够有效地防止事故的发生；证明企业已经预测了可能发生的主要的事故，并制定必要措施预防和控制事故对人体及环境的危害；证明企业在设计、建设及运行过程中充分考虑到安全和可靠性；证明企业已经制订切实可行的内部应急预案，并为政府规划工业企业周边用地提供足够的信息。

工业企业安全报告要求包括与企业安全相关的所有数据和信息。首先，要求对企业环境进行描述，该部分一般包括三个方面的内容：对企业的敏感点及其周边环境的地理位置、气象情况、水文情况等进行描述；对可能发生事故的企业活动进行描述；对企业事故可能的发生场地进行描述。其次，要求对企业的工厂状况进行描述，包括：描述工业企业主要的工业活动、企业原材料、产品、可能的中间产物等；描述工业企业的生产过程，包括生产过程中涉及的操作方法；描述工业企业存在的危险化学品。再次，要求对企业事故进行风险分析并形成预防方案，包括：描述企业事故可能的场景；评估企业事故可能的危害；建立应对企业事故的技术方法，列举所需设备清单。最后，评价企业事故防护措施，包括：描述工业企业现有的用于应急的设备；描述工业企业的应急组织；描述工业企业可用于应急的内部/外部资源；总结企业内部应急预案制订的关键点。

（3）工业企业风险评价

工业企业的安全事故主要包括化合物泄漏、火灾、爆炸等，可能会对人身健康及环境安全产生危害，工业企业风险评估是预防上述安全事故的重要方法，是塞维索指令的核心内容。塞维索指令中的风险评估方法主要包括两方面的内容：一是甄别企业主要风险并制定相应的防治措施；二是进行安全分析。

甄别企业主要风险又包含下面四个方面的内容：建立企业外部风险因素清单

（例如企业周边的学校、水厂、公共设施等外部影响因素）防治企业事故发生后引起周边次生灾害的发生；建立企业内部风险因素清单，包括工业生产过程、设备、工业原料、主要产物、工业废弃物等；采用经验和模型结合的方法对企业风险进行定量表征，常用模型包括 HAZOP、FMEA/FMECA、What-if 等；对企业信息进行历史比对。

安全分析主要包括三个方面的内容：可能性分析，一般分析危害发生的前提条件、故障树分析（Fault Tree Analysis）；企业主要事故分析，对可能发生的主要事故进行场景描述并进行计算机模拟；制定应急预案。

（4）工业企业信息通报及公示

工业企业要求向主管部门提交详细的企业信息，同时该信息也必须向公众公开。提交的具体信息包括：

- 企业名称、所在地；
- 企业注册地、详细地址；
- 企业管理人员名单、职位；
- 企业危险化学品清单；
- 危险化学品的数量、存在形态；
- 企业主要工业生产活动；
- 企业周边环境。

在塞维索指令中 SMS 与工业企业风险评价的关系如图 3-1、图 3-2 所示，风险评价用于甄别引发企业事故以及导致严重危害（包括人身健康和环境安全）的关键性因素；SMS 则通过对关键性因素的监测、管理，预防企业事故的发生并控制事故危害。

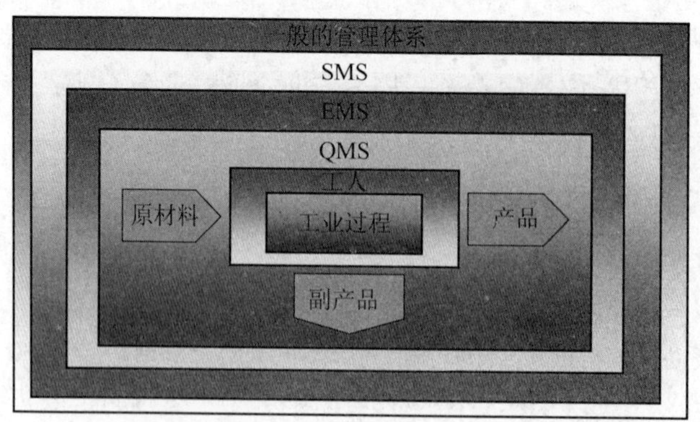

图 3-1　企业安全管理系统（SMS）

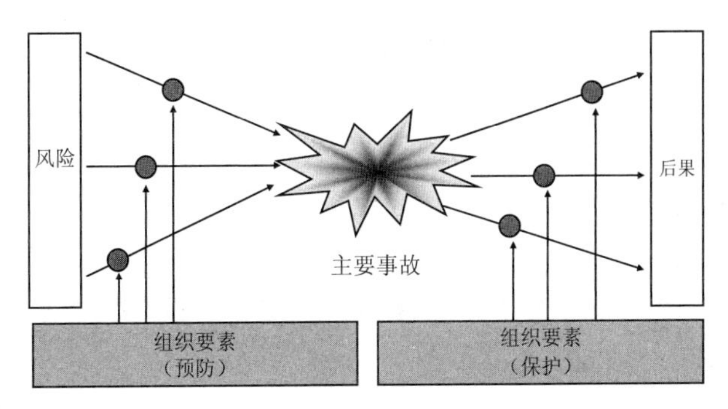

图 3-2 企业安全管理系统（SMS）职能

3.2 塞维索Ⅱ指令

（1）塞维索Ⅱ指令概要

1996 年 12 月 9 日，关于控制重大事故灾害的指令 96/82/EC，即塞维索Ⅱ指令出台。该指令规定，欧盟成员国最多有两年的过渡期，过渡期后其法律、条例和管理规定必须与此指令的要求保持一致；从 1999 年 2 月 3 日开始，负责实施与执行此指令的成员国政府和当地企业必须行使指令的义务。塞维索Ⅱ指令完全替代了最初的塞维索Ⅰ指令。

（2）法律依据

塞维索Ⅱ指令的法律依据是《欧洲共同体条约》第 174 条。根据《欧洲共同体条约》第 176 条，成员国可采取比塞维索Ⅱ指令规定更严格的措施。

（3）目的和适用范围

塞维索Ⅱ指令具有双重目的。其一，防止危险物质重大事故灾害的发生。其二，由于事故确实还会发生，这项指令旨在限制此类事故的后续影响，不仅针对人（安全和健康方面），也针对环境。这两个目的的实现都要求在整个欧共体内以一致而有效的方式保证较高水准的安全保护。

塞维索Ⅱ指令的适用范围为危险物质存在之处。它既包括工业“活动”，也包括危险化学品的仓储。此指令可以被认为在实践中提供了三个级别合理的控制水平，较大的数量则对应于较多的控制。如果一家公司的危险物质在数量上低于此指令规定的下限，则不受此指令约束，但会受到非特定于重大事故灾害的其他法律所规定的健康、安全和环境条款的约束。如果公司的危险物质在数量上高于此指令规定的下限但低于上限，则受“低层”要求的约束。如果公司的危险物质在数量上超过此指令规定的上限，则受此指令中所有要求的约束。

（4）一般义务和具体义务

对运营商和成员国政府，此指令均规定有一般义务和具体义务。此指令的规定大致可按两大目的分为两个主要类别，一是旨在预防重大事故的控制措施，二是旨在限制重大事故后继影响的控制措施。只要属于此指令约束范围内的企业，就必须上报主管部门并制定出《重大事故预防对策》。此外，“上限工厂”的经营者还需要制定《安全报告》《安全管理制度》和《应急预案》。

成员国当局可能在一个运营商的请求之下，限制这个信息被提供在报告里。当安排了监测请求时，1998 年 6 月 26 日的委员报告包含的统一标准被当局应用。

3.3 《塞维索Ⅱ指令》的主要内容

由于发生重大事故的危险性的大小随着企业中存有的危险物质数量增多而增大。因此，塞维索Ⅱ指令根据企业中储存危险化学品的数量，按照两个不同阈限量确定等级，进而确定了不同的管理控制要求[1, 2]。

3.3.1 安全通报书

所有重大危险源企业的经营者应当向主管当局呈送安全通报书，其内容包括：①经营者的姓名或企业名称；②经营者登记的经营地点；③识别危险物质或危险物质类别的信息；④危险物质的数量和物理形态；⑤装置或储存设施从事的活动；⑥企业易于造成重大事故的因素或严重后果。当企业危险物质的存储数量明显增加或者物质的性质或物理形态发生明显变化或者生产工艺、装置发生变化或关闭时，经营者应当立即通报主管当局。

3.3.2 预防重大事故的方针和安全管理制度

企业经营者应当制订书面的预防重大事故的方针，陈述其预防重大事故的总体目标和行动原则并保证适当加以实施。存有超过阈限量上限值的危险源企业还必须针对下列事项制定安全管理制度：①各级组织机构中管理重大危险的人员的职责；②重大事故危险的鉴别和评估程序；③工艺装置、设备的保养与临时停车安全操作程序；④对工艺或储存设施的计划改造或设计新装置程序，应急计划的准备、演练和审查程序；⑤评价实现重大事故预防方针和安全管理制度目标的程序以及调查和补救行动的机制；⑥评价重大事故预防方针和安全管理制度有效性和适用性的程序等。

3.3.3 安全报告

存有超过阈限量上限值的危险源企业必须提交安全报告。其内容包括：①企业预防重大事故方针和管理制度；②企业环境状况、可能发生重大事故危险的装置和企业的活动及可能发生的区域；③装置、生产过程和操作方式以及危险物质说明；④鉴别和事故风险分析与预防的方法，可能发生的重大事故情节、概率或发生条件，可能引发事故的因素，重大事故后果及其严重性的评价，安全设备及技术参数；⑤企业抑制事故后果的防护和应急措施等。经营者应当至少每五年主动或应主管当局要求对安全报告进行审查和更新。

3.3.4 应急计划及提供安全措施信息

重大危险源企业的经营者必须向主管当局提交企业内部的应急计划。其内容包括：①制订应急行动程序及负责协调现场救援行动与对外联络的人员姓名及职务；②可能引起重大事故的重要条件，限制其后果应采取的行动、安全设备和可提供的资源；③限制危害现场人员做出的安排，包括发出的警报及将采取的行动；④向主管当局早期事故报警提供的信息及安排；⑤对值勤人员的培训，需要与厂外应急救援服务机构协调的事项等。指令规定企业在制订内部应急计划时，应当与内部员工进行商议，并至少每三年演练和检查 1 次应急计划。重大危险源企业有义务向公众提供安全措施信息，说明企业从事的活动，可能造成重大事故的危险物质名称、危险性类别及主要危险特性；发生重大事故的危险性质，对人群和环境的潜在影响以及应当采取的行动及行为表现等。发生重大事故后，经营者应当立即通报主管当局，提供事故情况、涉及的危险物质、评价事故对人类和环境影响的数据以及已经采取的应急措施等。

3.3.5 主管当局的监察与管理

塞维索指令规定了各国主管当局对重大化学危险源应采取的监管措施。包括：①控制新企业的选址、现有企业的改造，控制交通干线以及在企业与周围社区之间设置安全距离，以预防和限制重大事故及其后果；②审查企业的安全报告，发现危险源企业未能提交规定的通报书、安全报告，或者危险源企业的预防重大事故措施存在严重缺陷时，主管当局应当禁止该企业、装置或储存设施的使用；③组织执法监察活动，审查企业正在使用的技术、组织机构或管理制度，确保企业采取适当措施，防止重大事故和限制重大事故的后果；④通过检查、调查或其他方式收集必要的信息，以便对发生重大事故的技术、组织机构和管理原因做出分析；⑤制订外部应急计划并确保发生重大事故时立即实施应急计划。

3.4 利益主体视角下的《塞维索Ⅱ指令》

法律意义上的不同利益主体可表述成“利益相关方”。西方传统的分权制衡理念尤为关注利益相关方。从利益主体视角解读《塞维索Ⅱ指令》，可以让我们充分厘清如下问题：①欧盟是如何基于各利益相关方的考量来保证环境应急参与主体的全面性的；②环境应急中尤为重要的信息披露机制和风险交流机制是如何构建和运行的；③如何保证各利益相关方的充分参与，进而最大限度地保障环境应急的有效性。《塞维索Ⅱ指令》所涉利益相关方主要包括欧盟、成员国、运营方和公众。从《塞维索Ⅱ指令》的规定看，前个利益相关方在法律上更多的是义务主体，而公众则主要是权利主体。在欧盟，这四类利益相关方的权利义务与时俱进并内化到具体制度之中。

（1）欧盟

作为当今世界上一体化程度最高的区域性政府组织，欧盟由其专门的执行机构欧盟委员会负责实施《欧洲联盟条约》和理事会决定、监督欧盟法令的实施。欧盟主要通过欧盟委员会对《塞维索Ⅱ指令》的实施起统筹和指引作用。

欧盟的统筹作用表现为建立事故报告系统、保障通畅的信息交流。《塞维索Ⅱ指令》一直强调成员国之间的风险信息交流，并要求各成员国向欧盟委员会报告事故及其处理进程。为此，欧盟委员会在重大事故灾害管理局建立了重大事故报告系统和工业风险共同体档案中心。其中，重大事故报告系统和相关地理信息系统一同构成突发性重大环境污染事故应急决策系统。欧盟借此帮助其成员国在应对重大环境污染事故过程中做出合理决策。欧盟重大事故报告系统包含了欧洲主要危险品、危险工业的各个方面的详细信息。各个成员国可以直接通过数据库获取相关的信息。此外，鉴于欧盟由多个不同成员国组成，为防止重大灾害所带来的“多米诺骨牌效应”，欧盟极力推进欧盟与其成员国在应对重大事故灾害时采取一体化行动。

欧盟的指引作用则体现在为成员国提供实施相关对策和制度的支撑，如欧盟委员会为成员国制定实施指令的指导性文件等。

（2）成员国

《塞维索Ⅱ指令》要求各成员国制定用以实施该指令的本国法规和标准。作为利益相关方，成员国及其主管部门有义务保证该指令在本国得到严格落实。

①审查安全报告与现场检查。《塞维索Ⅱ指令》第 9 条规定，成员国主管部门有义务审查运营方提交的安全报告，并应将审查结论向运营方和公众通报。由于安全报告涉及运营方整个区域、装置等的详细情况，主管部门还应当进行现场检查。

②制定外部应急预案。《塞维索Ⅱ指令》要求成员国主管部门负责接收和反馈信息，在收到运营方制定的内部应急预案后，在合理期限内起草外部应急预案，以确保可能受事故影响的人员了解安全防护措施、事故发生时应该如何行动，主管部门还需就外部应急预案向公众咨询。主管部门的应急预案应当建立在现场调查、信息分析、有预防措施建议、定期实践的基础之上。

③注重土地利用规划。《塞维索Ⅱ指令》吸取了“新八大公害事件”中的印度博帕尔事故、墨西哥液化气爆炸事故的教训，开始考虑土地利用规划在防治重大化学事故灾害方面的作用，尤其是当新的装置被批准以及在已有装置附近进行新的城市开发的情况下要对土地利用规划进行管理。成员国有义务控制新企业的选址、现有企业的改建与其他新的发展计划（运输道路建设、公众经常出入的场所和工厂附近居民区的发展计划等）。从长远发展看，成员国应确保其土地利用规划、其他相关政策以及相关程序考虑到以下两种需要：第一，企业工厂区应当与居民区、社会公共区域、个别自然敏感区或自然利益区之间维持适当距离；第二，已处于居民区的企业工厂区所采取的新技术措施给公众带来的风险不会增加。

④促进信息交流。《塞维索Ⅱ指令》强调成员国之间的风险信息交流，并要求各成员国向欧盟委员会报告事故情况。为此，欧盟委员会在重大事故灾害管理局建立了重大事故报告系统，以帮助其成员国在应对重大环境污染事故过程中做出合理决策。欧盟通过为成员国提供这种服务，在事故处理中不断积累经验并进行信息交流，加强了欧盟整体对重大事故灾害的预防与应急能力。

⑤控制“多米诺骨牌效应”。依据预防原则，《塞维索Ⅱ指令》第 8 条要求

各成员国主管部门应当识别可能出现的危险，将危险信息及应急方案提供给危险事故可能涉及的其他利益相关方。及时识别和传递环境危害信息，能最大限度地防范“多米诺骨牌效应”的发生，保证将运营方所在区域、居民区或对国家造成的损害程度降至最低。

（3）运营方

运营方是《塞维索Ⅱ指令》实施过程中最主要的利益相关方。为确保《塞维索Ⅱ指令》的全面实施，该指令就运营方的义务与责任做了比较详细的规定。

①制定内部应急预案和提交安全报告。根据《塞维索Ⅱ指令》第 11 条的规定，运营方必须制定内部应急预案，并将其提交给当地政府主管部门以便制定外部应急预案。如果内部应急预案增加新的重要内容，那么运营方需就其内部应急预案通过内部民主程序咨询工厂员工。同主管部门的外部应急预案一样，运营方也须定期演练以检测和随时完善内部应急预案。通过民主程序和实践检测，保证应急预案的科学性与有效性。这既保障了员工的参与权也体现了对员工生命权的尊重。应急预案中企业员工的参与可以确保将一线操作人员在紧急状况时可能遇到的事项纳入应急预案中，便于环境应急预案能快速、有效地得以实施。另外，《塞维索Ⅱ指令》第 9 条还要求运营方向成员国主管部门提供其所涉区域内的安全报告，同时应定期更新安全报告。

②披露相关信息。《塞维索Ⅱ指令》要求运营方进行信息披露并通过要求运营方对安全报告的定期更新以确保信息的时效性。《塞维索Ⅱ指令》对运营方的信息做了被动信息与主动信息的区分。被动信息是永久性提供的、公众可以要求获得的信息；主动信息则是指需要运营方或主管部门主动提供的信息，对于该类信息每三年至少应被审查一次，每五年至少应重新向公众发布一次。

③加强训练演习。欧盟非常重视公众环境应急意识及自我救助能力的提高，并通过教育等手段提高公众的自我保护能力，以将环境事故对公众的影响降到最低限度。为保证应急措施的有效性，《塞维索Ⅱ指令》要求运营方贯彻环境应急管理的预防原则，进行应急的训练和演习。例如，《塞维索Ⅱ指令》要求运营方对其制定的应急预案每三年进行一次应急的实践演习和检测，以便进一步完善内部应急预案。

④降低事故危害。为实现《塞维索Ⅱ指令》第 1 条所设定“限制事故对人类和环境造成的影响”的目标，运营方在发生事故后应当积极按照应急预案开展救援，并将事故情况、可能造成的影响和采取的措施及时通报主管部门，把影响降

到最低限度，将事故的损害降到最小。

（4）公众

与《塞维索Ⅱ指令》相比，《塞维索Ⅱ指令》在应对风险时更加强调政府、工业界与公众之间的协调。这种协调表现为通过法律制度来保障公众在环境应急中的知情权和参与权。在某种程度上，《塞维索Ⅱ指令》中公众权利的内涵已由“需要知道”应急行动的信息演进为“有权知道”信息的获取以及参与环境决策和计划的权利。

《塞维索Ⅱ指令》有关公众参与的规定表现为，运营方在制定内部应急预案时既要吸纳内部员工这类特定公众的参与，也要向普通公众进行咨询；同时，对主管部门制定外部应急预案加以保障。从某种意义上讲，这也是实现公众实体权利的保障。

4 环境风险管理塞维索指令的工业企业风险评价方法

重大化学危险源的安全控制是世界各国普遍关注的重大问题。塞维索指令的核心内容之一就是工业企业风险管理评价分析方法及类似毒物泄漏的处理方法。本章通过介绍塞维索事件发生的经过，对这次事故进行了主要的事故分析，并详细介绍了工业企业风险管理评价分析方法，希望对塞维索指令的本土化工作给予帮助。

4.1 塞维索事件的发生经过

4.1.1 厂区概述

位于塞维索地区的艾克梅沙（Industrie Chimiche MedaSo—cieta Azionara，ICMESA）工厂，其规章制度由总公司 Givaudan 制定。当初艾克梅沙在美达（Meda）镇兴建工厂时，厂区四周尽是田地与森林。数年之后，经过千辛万苦，工厂终于建成，然而事故就发生于该厂。

4.1.2 厂内情形与工艺流程

这次意外事故发生地点为流程中的三氯苯酚（TCP）间歇式反应槽。TCP 可做除草剂及抗菌剂。Givaudan 公司则用 TCP 来制造六氯酚。制造 TCP 的反应程序可分为两个阶段：

（1）在乙二醇中，用氢氧化钠将 1,2,4,5-四氯苯（TCB）水解，形成 2,4,5-三氯酚钠。控制温度为 170～180℃，混合二甲苯，并在共沸蒸馏的过程中去除杂质。

（2）将盐酸加入三氯酚钠中，制成 TCP，并将其蒸馏。因为浓度为 50%（质量分数）的乙二醇将因蒸馏而产生水分，并吸收热量，因此第一阶段的温度会下降 50～60℃。该流程经 Givaudan 公司修改，用甲醇取代乙二醇，操作压力在 2 MPa 左右，广泛应用于除草剂的生产。

反应中，产生微量的副产物 TCDD 是无法避免的。但若是反应温度在 180℃以下时，不太可能产生浓度超过 1×10^{-6} 的 TCP。但是，若当反应温度为 230～260℃时持续加热，则将产生大量的 TCP。蒸馏剩下的液体中约 99.7%（质量分数）的 TCDD 将会被收集和烧毁；反应过程中有 3%（质量分数）的 TCDD 会转变成 TCP，最大浓度为 10×10^{-6}。过程在操作压力下进行，由于反应槽的控制方法较为陈旧，同时无温度自动控制系统。反应槽防爆板的设定压力为 35 MPa，并备有排气口直接通往大气。其主要用途为避免反应槽因压缩气体产生的过压，厂区设有温度达 800～1 000℃的焚化设备，以焚烧工厂内产生的有害物质残渣。

4.1.3 事件发生经过

1976 年 7 月 9 日 16 时当时反应槽盛有 2 000 kg TCB、1 050 kg 氢氧化钠、3 300 kg 乙二醇以及 600 kg 二甲苯。反应发生后，部分乙二醇蒸馏出来，但因摩尔百分率仅占 15%（一般情况下为 50%）。所以大部分的溶剂仍留在容器中。直到 7 月 9 日 17 时，蒸馏才终止。此时温度降低，但反应槽却水量不足。因此温度并未降到设定范围。此时温度计呈固定状态，最后的温度指示在 158℃处。整个变化过程于 18 时结束。此时正好和周围工厂关闭时间相同。而工厂关闭时，反应槽虽然关闭，但并未顾及温度降低方面的控制。周末时，由于值班人员疏忽，反应器盘管通入了蒸汽，反应槽外壳因蒸汽加热使温度升至 300℃。反应槽的防爆板发生爆破时，工厂维修人员听到警铃声，而且大量蒸汽从屋顶排气口冒出，冲向相当高的高度，外泄时间约 20 min。

当时经过的领班听到防爆板爆破声，便立即和两位同事一起采取紧急应变措施。他们 3 人及时打开消防泵，使厂房得以避免遭受波及。由于意外事件地点靠近工厂 B 区，因此领班打电话通知该区技术部经理，后者于 13 时 10 分赶到现场，当时事故已经平息。1 小时后，为降低反应槽温度，工厂员工小心翼翼地添加冷却水于反应系统中。

本次意外事故产生的 TCDD 污染了厂区邻近地区（图 4-1），其中 A 区面积为 1.08 km^2。TCDD 平均浓度为 240 $\mu g/m^2$。最大值为 5.0 mg/m^2；B 区面积为

2.69 km^2。TCDD 平均浓度为 3 $\mu g/m^2$，最大值为 43 $\mu g/m^2$；R 区面积大约为 14.3 km^2，TCDD 浓度由微量至 5 $\mu g/m^2$ 不等。

图 4-1 塞维索事件中 TCDD 污染范围示意图

4.1.4 主要事故分析

事故发生的可能原因分为下列两类：

（1）人员疏忽

①由于事故时间正处于周末，工厂的员工因为上班的原因而未注意到此次的意外泄漏。

②关于人员排班方面，应建立一套相关的程序或规范，明确地规定出有关人员值班的各项职责问题，以减少人员排班疏忽所造成的伤害。

③工厂中的操作人员与周围居民进行相关知识的告知和教育。在塞维索事件发生时，周围的居民并不知道如何做出相应的防范与应对措施。

（2）反应设备的问题

任何工艺流程设备都必须谨慎操作与使用以及定期维修，才不会有不可预期的损坏情形发生，且必须根据不同的情况设置相应的安全防护设备。

4.1.5 此次灾害发生的可能要点

（1）预期反应问题。因出事时间正处于周末，而当时工厂方面认为此流程很安全，而忽略了温度急剧上升后所衍生带来的危害，因此为了确保工厂中不发生类似的泄漏事故，应该详细地研究各工艺流程中所使用到的化学物质会有何不可预期的失控反应发生。

（2）工艺设备的设计。工厂在初期为了利益上的考虑，常常把一些安全设计方面的费用大幅缩减，而在出事时往往一发不可收拾，因此设立紧急处理设施是非常必要的，例如本事件中排放出来的 TCDD，若能即时通入燃烧塔中燃烧（因 TCDD 在 1 000℃下便会分解），便不会有如此惨痛的后果了。

（3）防爆板破裂后所逸散出的危害气体，如果不能够加以处理成无害气体的话，最好能有设备加以收集回收，避免直接排放到大气中危害周围居民，因此必须建立全面的密闭泄压系统。

因此，除了平时须注意保养反应槽，做好定期检查、重点检查及作业检点等项目，并且遵守法律规定外，更不可任意修改流程、增减化学品数量，以免造成意外事故的发生。

4.2 工业企业风险管理评价分析方法

4.2.1 评价目的

识别生产中的所有常规和非常规活动存在的危害，以及所有生产现场使用设备设施和作业环境中存在的危害，采用科学合理的评价方法进行评价。加强管理和个体防护等措施，遏止事故，避免人身伤害、死亡、职业病、财产损失和工作环境破坏。

4.2.2 评价范围

①项目规划、设计和建设、投产、运行等阶段；

②常规和异常活动；

③事故及潜在的紧急情况；

④所有进入作业场所的人员活动；

⑤原材料、产品的运输和使用过程；

⑥作业场所的设施、设备、车辆、安全防护用品；

⑦人为因素，包括违反安全操作规程和安全生产规章制度；

⑧丢弃、废弃、拆除与处置；

⑨气候、地震及其他自然灾害等。

4.2.3 评价方法

可根据需要，选择有效可行的风险评价方法进行风险评价。常用的方法有工作危害分析法和安全检查表分析法等。

（1）工作危害分析法。从作业活动清单选定一项作业活动，将作业活动分解为若干个相连的工作步骤，识别每个工作步骤的潜在危害因素，然后通过风险评价，判定风险等级，制定控制措施。该方法是针对作业活动而进行的评价。

（2）安全检查表分析法。安全检查表分析法是一种经验的分析方法，是分析人员针对分析的对象列出一些项目，识别与一般工艺设备和操作有关已知类型的危害、设计缺陷以及事故隐患，查出各层次的不安全因素，然后确定检查项目。再以提问的方式把检查项目按系统的组成顺序编制成表，以便进行检查或评审。安全检查表分析可用于对物质、设备、工艺、作业场所或操作规程的分析。

4.2.4 评价准则

采用风险度 R=可能性 L×后果严重性 S 的评价法，具体评价准则规定见表4-1～表4-3。

表 4-1 事故发生的可能性 L 判断准则

等级	标准
5	在现场没有采取防范、监测、保护、控制措施，或危害的发生不能被发现（没有监测系统），或在正常情况下经常发生此类事故或事件
4	危害的发生不容易被发现，现场没有检测系统，也未发生过任何监测，或在现场有控制措施，但未有效执行或控制措施不当，或危害常发生或在预期情况下发生
3	没有保护措施（如没有保护装置、没有个人防护用品等），或未严格按操作程序执行，或危害的发生容易被发现（现场有监测系统），或曾经做过监测，或过去曾经发生类似事故或事件，或在异常情况下发生类似事故或事件
2	危害一旦发生能及时发现，并定期进行监测，或现场有防范，并能有效执行，或过去偶尔发生事故或事件
1	有充分、有效的防范、控制、监测、保护措施，或员工安全卫生意识相当高，严格执行操作规程。极不可能发生事故或事件

表 4-2 事件后果严重性 *S* 判别准则

等 级	法律、法规及其他要求	人员	财产损失/万元	停工	公司形象
5	违反法律、法规和标准	死亡	>50	部分装置（>2 套）或设备停工	重大国际国内影响
4	潜在违反法规和标准	丧失劳动能力	>25	2 套装置停工或设备停工	行业内、省内影响
3	不符合上级公司或行业的安全方针、制度、规定等	截肢、骨折、听力丧失、慢性病	>10	1 套装置停工或设备	地区影响
2	不符合公司的安全操作程序、规定	轻微受伤、间歇不舒服	<10	受影响不大，几乎不停工	公司及周边范围
1	完全符合	无伤亡	无损失	没有停工	形象没有受损

表 4-3 风险等级判定准则及控制措施 *R*

风险度	等级	应采取的行动/控制措施	实施期限
20～25	巨大风险	在采取措施降低危害前，不能继续作业，对改进措施进行评估	立刻
15～16	重大风险	采取紧急措施降低风险，建立运行控制程序，定期检查、测量及评估	立即或近期整改
9～12	中等	可考虑建立目标、建立操作规程，加强培训及沟通	2 年内治理
4～8	可接受	可考虑建立操作规程、作业指导书但需定期检查	有条件、有经费时治理
<4		轻微或可忽略的风险，无须采用控制措施，但需保存记录	

4.2.5 评价组织

（1）公司成立风险评价领导小组。

（2）公司的各级管理人员应参与风险评价工作，岗位员工要积极参与风险评价和风险控制工作。

4.2.6 其他要求

（1）根据评价结果，确定重大风险，并制定落实风险控制措施。

（2）评价出的重大隐患项目，应建立档案和整改计划。

（3）风险评价的结果由各单位组织从业人员学习，掌握岗位和作业中存在的风险和控制措施。

（4）按照实际情况不断完善风险评价的内容。

4.3 气体泄漏量的计算

气体或蒸汽经小孔泄漏，因压力降低而膨胀，该过程可视为绝热过程，假设气体符合理想气体状态方程，则气体泄漏公式如下。

①当气体流速在亚音速范围（次临界流）

条件：
$$\frac{P_0}{P} > \left(\frac{2}{k+1}\right)^{\frac{k}{k-1}} \tag{4-1}$$

经伯努利方程可推导出气体初始泄漏的瞬时最大泄漏流量公式为：

$$Q_g = YC_dAP\sqrt{\frac{Mk}{RT}\left(\frac{2}{k+1}\right)^{\frac{k+1}{k-1}}} \tag{4-2}$$

式中：Q_g———气体泄漏流量，kg/s；

C_d———气体泄漏系数，当裂口形状为圆形时取 1.0，三角形时取 0.95，长方形时取 0.9；

A———裂口面积，m^2；

P———容器内介质压力，Pa；

P_0———环境压力，Pa；

k——绝热指数，是等压比热容与等容比热容的比值；

M———气体的分子量，kg/mol；

R———气体常数，8.314 J/（mol·K）；

T———容器内气体温度，K。

②当气体流速在音速范围（临界流）

条件：
$$\frac{P_0}{P} \leqslant \left(\frac{2}{k+1}\right)^{\frac{k}{k-1}} \tag{4-3}$$

其泄流量：

$$Q_{\mathrm{g}} = C_{\mathrm{d}} PA \sqrt{\frac{Mk}{RT}\left(\frac{2}{k+1}\right)^{\frac{k+1}{k-1}}} \tag{4-4}$$

4.4 类似毒物泄漏的处理方法

当毒性化学物质发生泄漏或者飞散而有污染大气顾虑的情况时，处理方式随物质的性质不同而异。一般的事项如下：

（1）当危害物质发生泄漏或者飞散，有对不特定或者多数的人产生卫生保健上的危害的顾虑时，要尽快向该地方政府的有关部门、警察局报告。如果伴有发烟情况时也有必要向消防局报告。报告的内容要包括事故发生地点、工厂名称、现场的位置、作业内容、装置及物质名称、现场附近的风向、风速，以及事故承担者姓名等项目。

（2）要向可能会造成影响区域内的人提出警告，并且要使处在下风处的人尽快向上风处逃避。尤其是对于氰化氢、磷化氢、光气等具有急性毒性的物质更要说明其具有的危险性，而且必须禁止入内。

（3）关于大气中的特定物质的浓度到底要降低至什么程度才可避免危害的问题，大致上可以按劳动卫生容许浓度表中的系数相乘来求出。不过，对于超过容许浓度可能引起急性中毒的物质则不能使用这些系数。浓度与系数的关系是：当容许浓度（$\times 10^{-6}$）分别为 0～1、1～10、10～100、100～1 000 时。系数分别为 3、2、15、125。

（4）对气体物质或者挥发性物质，其气体或蒸汽密度比空气轻者皆具有扩散性。但比空气重者则由于具有向低处漂游的倾向，因此，必须采取能够促使其迅速扩散的措施。

（5）对于具有引火性、爆炸性的危险物质，除了要迅速将临近可燃物移除之外，也要采取不会使之形成爆炸性混合气体的措施。

（6）对于具有特殊臭味物质的情况时，想要由臭气来判知泄漏点和泄漏的程度是很危险的，这时要使用检测管、检测纸等各种措施来进行监测。

（7）在处理泄漏口时，要使用与物质的有害性相对应的保护器具。

（8）若该毒性化学物质对水的溶解性很大时（如氨、氟化氢、氯化氢、酚、硫酸等），可用多量的水来冲洗除去。不过，对于在溶解时会产生很大的降解热的物质（如氟化氢、氯化氢、硫酸等），需要更多的水量。在水洗时，则必须留意对于排水所造成的污染的防治。此外当液态氯从容器泄漏时，由于水会加速氧的汽化速度，因此不可以对容器注水冲洗。氯磺酸也是除了特殊的情形以外，注水冲洗是不妥当的。

（9）能够利用石灰或者纯碱来中和或者吸收的物质有氟化氢、氯化氢、氯、硫酸、氯磺酸等。在氯的吸收剂方面除了可使用石灰之外，也可以利用亚硫酸钠、碳酸钠与水的混合溶液来喷雾吸收。此外氰化氢则可以利用含硫酸铁的烧碱溶液来中和，使之反应成比较无害的亚铁氰化钠。

（10）对于会引起特殊物质泄漏或者飞散顾虑的场所中，最好是能够设置排气罩来将废气排出。发生泄漏时的排气处理方法虽然依所含的物质的不同而异，不过，一般来说，对水的溶解度很大的物质可注水冲洗，在溶解于水中呈现酸性物质时使用石灰乳或烧碱溶液来吸收，在常温时为液状的物质和沸点接近于常温者的蒸汽的情况时，使用活性炭之类的物质来吸附等都是有效的方法。

5 国内外环境危险化学品的风险管理比对分析

本章概述了国外化学品环境管理和技术支撑体系发展现状，分析了我国化学品环境管理和技术支撑体系与国外的差距，针对国内化学品环境管理的现状，提出了需要改进的科学研究领域及几点意见。

危险化学品的安全与控制是世界各国普遍关注的重大国际性问题之一。早在20 世纪 80 年代中期，美国、日本、欧洲发达国家普遍建立了化学品安全和环境管理法规标准体系和技术支撑体系。90 年代以后，随着国际社会对化学品安全问题的日益关注，化学品的环境无害化管理有进一步加强的趋势。联合国有关机构正在通过制定国际公约协定建立国际化学品安全管理合作体制、制定和扩大优先管理控制的有毒化学品名单、实施化学品风险评价和风险管理、加强化学品危害信息传播以及国家管理能力建设等方式，促进全球化学品安全、人类健康和环境保护。研究、借鉴发达国家化学品环境管理的经验，建立健全我国化学品环境管理和技术支撑体系，对加强我国危险化学品环境安全监管具有重要意义。

5.1 化学品环境管理的内涵

5.1.1 化学品环境管理的由来

化学品已成为人们日常生活不可缺少的一部分，然而，化学品在改善人们生活水平的同时，也曾给人类带来灾难，如伦敦的烟雾、日本的水俣病、骨痛病、印度的毒气泄漏和东京地铁的毒气事件等。人们日常生活也常受到化学品的威胁，有些化学品可能会致癌、致畸、造成出生缺陷，有些化学品对环境产生持久负面影响，甚至带来生物种类的灭绝。一些鱼、鸟等野生动物发生雌化就是一个典型例子。还有一些化学品，其本身虽无毒性，但却会改变自然条件，间接影响人类和动植物，如大量用作制冷剂的氟利昂类，因会削弱臭氧层对有害太阳辐射的隔阻能力而损害地球生物。普遍存在的二氧化碳，因引发温室效应，也成为影响人类生存环境的化学品之一。但一个非常重要的概念是，有毒有害化学品并非不可以用，关键是确保正确、恰当地使用它。针对化学品的用量、用途、使用方式或场所等因素，实施有针对性的管理，就可有效控制化学品可能造成的损害和风险。

5.1.2 化学品环境管理的基本原则

化学品包括两个主要属性，一是固有属性，包括危害性；二是化学产品的商品属性，包括流通性。危害性和流通性二者的同时存在，使对化学品管理的要求、管理的难度远远大于对其他产品、污染物的管理。针对这些特点，国际通常采用的管理原则主要包括以下四种。

（1）预防原则

只要有可能，污染应当在源头加以控制或者降低到最低限度，而不是把注意力放在现有问题和末端治理控制上，即预防性原则。但是应当承认，为了解决历史上错误做法遗留下来的残余污染物问题，仍然需要净化和处理作业。鉴于现有技术水平的限制，预防性方法应当根据国情以经济可行的方式加以实施。应当谨慎地使用化学品，以利于可靠地遏制其潜在的危害和尽量减少使用或者逐步淘汰那些具有过高或者不可管理风险的化学品。

（2）全过程管理原则

化学品是商品，广泛用于工业、农业、卫生、商业、国防和人民生活的各个领域，或作为工业原材料，或用作农药，或作为日常消费品间接进入环境，或因排放、渗漏、事故等直接进入环境。其中更有一些化学品本身没有危害性，或危害性不大，但其降解产物具有危害性或危害性很大，因此，化学品的环境安全管理必须贯彻全过程管理的原则，包括产品的生产、加工、进出口、贮存、运输、销售、使用、处置等整个生命周期各环节的管理。

（3）污染者付费原则

污染者付费的原则主要体现在化学品废弃后的处置方面。化学品危害的预防和消除、化学品废弃后的销毁应该由谁负责，生产者、经销者和消费者分别应承担哪些责任，曾是争论的话题。目前，国际上的管理趋势是由生产者负责，负消除污染的责任，而生产者应将所生产的化学品的危害性和预防措施告知经销者和消费者，生产者也应尽可能建立渠道回收这些产品。

（4）协调统一的原则

化学品作为商品，其国际流通量越来越大。无论是从方便化学品流通，还是从节约成本的角度，统一的标准、统一的要求、相互认可、节约资源尤为重要。国际劳工组织（ILO）、经济合作与发展组织（OECD）以及联合国危险货物运输专家委员会（TDG）3 个国际组织已于 2003 年推出了化学品分类及标记全球协调制度（GHS），对危险化学品危害性的分类定级方法进行了规范，旨在对世界各国不同的危险化学品分类方法进行统一，这项制度在 2008 年在全球范围内实施。

5.1.3 化学品环境管理的特点

各国普遍将化学品分为三类进行管制：现有化学品、危险化学品和新化学品。现有化学品是指人们已经使用的化学品，很多国家都编制有自己的“现有化学物质名录”。对这类化学品，由于其危害性低或还不能确认其存在危害，管理要求较低，允许人们自由地生产和使用，但要求生产者编制“化学品安全技术说明书”（MSDS），告知下游用户该化学品的特性、操作注意事项、事故应急和人员防护、措施、最终成立处置措施等信息。

危险化学品是从现有化学品中筛选出来的对健康或生态环境影响比较大的化学品，对于这类化学品，各国通常发布专项法律法规标准加以控制或限制，措施的严格程度与其危害影响是相匹配的。

新化学品是指人们新研制出来的化学品。由于其危险性未知，政府部门通常要求其生产者或进口者必须事先进行申报，提供该新化学品的理化特性、健康毒性和生态毒性等数据，政府部门经过审查确认其危害和风险可接受后，才允许其上市。

5.2 国外化学品环境管理体系发展概况

5.2.1 国外化学品环境管理重点对象的变化

近年来，发达国家不断强化和完善本国化学品环境管理法律法规，化学品环境管理的重点正在转向加强对具有持久性、生物蓄积性和毒性（PBT 类）、致癌性、致突变性和生殖毒性（CMR 类）等对环境或人体健康构成不可接受或无法适当控制风险化学品的安全控制，对其实行禁用、严格限用和登记许可制度。

5.2.2 发达国家建立的化学品环境管理体系特点

5.2.2.1 环境立法体系完整齐全

环境立法体系不仅包含大气污染、水污染和固体废物污染防治等环境保护基本法律法规，而且制定了化学品环境危害控制专项法律法规，对各类化学物质（包括工业化学品、日用化学品、农药、兽药、医药品、食品添加剂等）以及化学品寿命周期全过程（包括生产、储存、使用、销售、运输、进出口直至废弃后处理处置）的环境风险进行控制。将化学品寿命周期全过程的环境无害化管理与环境污染防治有机结合起来，形成了完整的环境保护法律法规体系。

5.2.2.2 建立了一系列化学品环境危害控制专项制度

化学品环境危害控制专项制度包括：①新化学物质申报登记制度；②优先化学物质测试评价制度；③化学品危险性分类、标签和安全数据说明书制度；④化学品危害评价以及健康和环境风险评价制度；⑤化学污染物泄漏排放和转移登记制度；⑥重大环境危险源报告和应急计划制度；⑦对严重危害健康和环境、可能引起严重环境风险的化学品实行登记和许可制度等。

5.2.2.3 确立了明确的化学品环境无害化管理政策和指导原则

发达国家普遍制定了适应本国国情的化学品环境无害化管理政策体系和管理战略，确立了一系列有利于化学品科学管理的基本原则。

（1）战略化管理原则。鉴于化学品的环境和健康风险评价的不确定性并与广泛的社会、经济利益相关，化学品风险评价与风险管理是现代社会的一项长期而复杂的任务。各国都制定了关于有毒化学品环境无害管理的战略性政策方针。

（2）预先防范原则、责任分担原则和谨慎原则。如欧盟颁布的 REACH 条例规定，“需要按照预先防范原则，采取更多的措施去保护公众健康和环境”“产业界应当负责和谨慎地生产、进口、使用或者销售化学品，确保在合理和可预见的条件下，使人类健康和环境不受到负面影响”“为了确保环境和人体健康得到保护，对那些引起健康和环境高度关注的化学品，应当按照风险预先防范的原则采取谨慎的行动”。

（3）重点和优先管理原则。近年来，美国、日本、加拿大等国家普遍根据化学品的生产量、化学危险性、对人类和生物的毒性、生物蓄积性、环境持久性，以及对公众和社会的重要性等因素，从化学品中筛选出一些具有高致癌、致突变和生殖毒性以及具有毒性、生物蓄积性和环境持久性，可能严重危害生态环境的物质进行重点或优先管理，对其实行禁用、严格限用和登记许可制度。

（4）替代原则。对于危险化学物质，一旦发现相对安全的替代品，就应该进行系统性的替代。对于有害环境、人体健康和动物福利的测试方法，也应当寻找替代的测试方法。

（5）公众参与原则。发达国家普遍实施化学污染物泄漏排放和转移登记制度，并推行自愿协议和责任关怀行动，以突出体现公众参与的政策与原则。鉴于化学品环境危害控制利益相关方的广泛性，社会各利益相关方的广泛参与已经成为制定和实施化学品环境危害控制政策和措施的重要基础，也是当今各国化学品环境危害控制发展的主要方向。

5.2.2.4 拥有健全的化学品环境管理体制与协调机制

化学品管理具有复杂性、科学性及国际性等特点，加上化学品品种数量多、危险性类别多，化学品安全管理范围涉及生产劳动安全、消费者健康安全和生态环境安全。因此，需要环境保护、职业安全、卫生、交通运输、农业和质检等多个政府主管部门参与的化学品协调管理机制协调进行监督管理。

5.3 国外化学品环境管理技术支撑体系发展现状

5.3.1 化学品管理的环境标准、技术规范体系

国家化学品监控能力建设涉及的核心问题之一是制定和完善与化学品环境危害控制法律法规相匹配的环境标准、技术规范和导则体系，包括化学物质健康和环境危害性鉴别分类标准，化学物质危害评估、风险评价和风险管理技术导则标准，化学污染物控制的环境标准和管理技术规范等。近年来，联合国有关机构在化学品管理方面发布了一系列化学品安全和环境管理导则、技术规范和指南文件，为各国化学品管理提供技术指导。为了消除各国在化学品危险性分类标准、方法

上存在的差异，同时为尚未建立化学品危险性分类制度的发展中国家提供安全管理化学品的框架，2005 年联合国有关机构公布了《全球化学品统一分类和标签制度》（GHS 标准）。该标准明确规定了化学品的物理危险性、健康危害性和环境危害性分类种类和判定标准以及化学品危害性信息公示要求，要求世界各国自 2008 年起全面实施这一标准。

此外，为了统一各国化学品的测试方法，保证化学品测试数据的可靠性，经济合作与发展组织（OECD）制定并定期更新《化学品测试准则》和《合格试验室规范原则》（GLP 原则）。《化学品测试准则》是针对化学品理化性质、分解蓄积性、急性毒性和慢性毒性以及生态毒性等危害性制定的一套标准化测试方法。GLP 原则对实验宗旨、计划、数据质量保证、管理者责任、实验室设施、仪器、药品、报告编制及记录保存等提出了详细要求。上述准则和规范对确保各国化学品测试数据的准确性和相互可接受性具有重要作用，已被发达国家普遍接受与实施。发达国家主管当局也颁布了一系列技术规范和导则，用于指导规范本国化学品安全和环境管理。例如，美国 EPA 颁布了《化学混合物风险评价导则》《生态风险评价导则》《致癌物质风险评价导则》和《化学品风险社会经济分析导则》等化学品健康和环境风险评价导则文件。欧盟委员会颁布了《关于人体健康和环境风险评价指南文件》《执行欧盟危险物质指令决策指导手册》和《关于高关注化学物质鉴别和登记文书准备的导则》等指南文件。这些技术规范和导则在化学品环境管理方面发挥着重要的技术支撑作用。

5.3.2 化学品测试合格实验室技术支持体系

评估一种化学品的固有危险（害）性，以及将危害性评价结果与暴露场景信息相结合来评价化学品对人体健康和环境的风险需要专家的经验、复杂的技术和分析设施。为保证化学品测试数据的科学可靠性和相互可接受性，发达国家普遍建有完善的化学品测试合格实验室技术支持体系，德国化学品测试合格实验室统计如表 5-1 所示。这些实验室设施产生的数据为政府主管当局审批和做出化学品管理决策提供了技术支撑。

5.3.3 化学品安全和环境管理信息支持体系

发达国家主管当局还通过化学品立法，建立化学品危险性信息产生、收集、评价和公示制度和机制，并建立大量的化学品安全信息数据库系统。这些数据库系统中存储着已经审查和获批准的各类化学品的生产、使用、理化性质、健康和环境数据以及安全防护与环境保护措施的信息，为化学品管理提供有效的信息支持服务。发达国家普遍建立化学品安全信息产生和公示机制，强调产生化学品健康和环境风险的化学品生产企业应当负责产生和向政府主管部门报告其生产和销售化学品的安全评价数据，对其生产的危险化学品进行适当分类和标签，并向供应链上的下游用户提供这些化学品的安全信息（表 5-2）。

表 5-1 德国化学品测试合格实验室统计

研究领域	实验室数量/个
理化特性测试	57
毒性测试	28
致突变型研究	25
水生和陆生生物环境毒性研究	35
水、土壤和空气中行为和生物蓄积性研究	39
残留性研究	39
对宇宙或自然生态系统影响研究	7
分析和临床化学测试	52
其他领域	49

表 5-2 部分国际权威性化学品安全数据库系统

数据库名称	开发/拥有机构	数据库内容
化学品对人类致癌风险评估专辑	国际癌症研究机构（IARC）	列出了目前已经评估过的各类致癌物质及其分类相关数据
政府间组织化学品安全信息数据库	IPCS	提供了很多组织机构完成的化学品安全和风险评价基准文件和指南以及 OECD 高产量化学品筛选信息等数据
国际化学品安全卡网络查询系统	IPCS/中国石化北京化工研究院	提供了 IPCS 编制的 1 600 多种化学品的国际化学品安全卡片及相关毒性数据等 2007 年起编制的新卡片提供了 GHS 分类数据
化学品标识高级数据库	美国国家医学图书馆	提供了 36 万多种的化学物质标识数据（包括化学名称、CAS 登记号、分子式和化学结构式）、理化性质、急性毒性等数据
危险物质数据库	美国国家医学图书馆	提供了经科学同业审查的化学品理化性质、安全处置、生产和使用、人类健康效应、应急医疗处理以及法规管理信息等

数据库名称	开发/拥有机构	数据库内容
美国毒理学计划报告	美国环境卫生信息服务机构	提供了美国毒理学计划开展的 800 多种化学品的毒性和致癌性的研究报告
化学物质综合查询系统数据库	日本国立技术与评估研究所	提供了化学物质毒性测试、生物毒性、生物蓄积性和生物降解性等数据
欧洲化学物质信息系统	欧洲化学品局	提供了欧盟化学品危险性分类、标志、毒性、生态毒性、管理法规以及 MSDS 等数据

5.4 中国化学品产业与环境矛盾问题日益突出

5.4.1 化学品产业发展形势和问题

随着经济的快速增长，中国现已成为世界上化学品生产和消费大国。目前有 10 余种化学品的产量和消费量居世界前列，其中化肥和染料居世界第一，农药产量居世界第二，消费量则位居世界第一。中国同时是农药出口大国，出口量位居世界第二。然而，作为发展中国家，中国化学品工业存在产业结构不合理、规模小而分散、生产和污染控制技术水平低等突出问题。当前消费化学品工业体系中，高毒化学品及农药产品的产量较大，如高毒杀虫剂占杀虫剂总产量的 50%以上；目前还在生产和使用国际上已经普遍禁止的具有持久性、生物累积性的高风险有毒化学品，如 DDT、五氯酚、氯丹和灭蚁灵等。在 12 000 家化学品生产企业中，90%是中小企业；在农药生产企业中，原药生产企业仅 400 多家，而加工、分装企业却多达 1 500 多家，其中年产值大于 1×10^6 元的大企业仅有 1/5。为数众多的小企业生产工艺和污染控制水平普遍落后。中国化学品产业的现实预示着较为严重的化学品环境污染及其引发的高健康和生态风险。

5.4.2 中国化学品环境问题日渐凸显

由于始终关注传统“三废型”环境污染，中国对有毒化学品污染尚未进行系统监测。然而有监测显示，中国有毒化学品环境污染和食品污染已产生巨大的环境和健康风险。如在 POPs 污染方面，由于持续生产和应用 DDT 等有机氯杀虫剂，在国际普遍禁用 POPs 类杀虫剂近 30 年后，珠江三角洲地区沉积物中 DDT 等有机氯污染物的浓度仍然高于国外风险评价标准，可列为高风险生态区；一些地区的茶叶、鱼类和贝类等水产中DDT、六六六等POPs的污染浓度依然较高，母乳中DDT、六六六等POPs的含量仍然显著高于发达国家以及国际组织相关标准。在EDCs污染方面，由于有机锡在船舶油漆中被广泛应用，这种重要的EDCs类物质在中国内陆水域和海滨港口造成较为严重的污染；由于含有壬基酚聚氧乙烯醚等表面活性剂的合成洗涤剂的广泛使用，京杭大运河及江南水域中均存在另一种典型的EDCs类污染物——壬基酚，浓度高于国外报道，并且在上海市自来水中有检出。此外，近年来有毒化学品环境污染事故频频发生，无论是发生次数，还是死亡和中毒人数、经济损失，均有明显增加，如2004年沱江水污染事故和2005年松花江水污染事故。

5.5 我国化学品环境管理的现状及存在的问题

5.5.1 环境管理的现状

早在1994年,国家环保局已开始对化学品实施专项管理,在化学品制度建设、污染控制及公约谈判和履约方面均取得一定进展。近几年，随着化学品环境问题日益加重，环保部对化学品环境管理的力度也在不断加深。

5.5.2 进出口环境管理

为执行《关于化学品国际贸易资料交流的伦敦准则》，1994年5月，国家环保局、外经贸部和海关总署联合发布了《化学品首次进口及有毒化学品进出口环境管理规定》建立了有毒化学品进出口环境审批制度，迈出了我国化学品环境管理工作的第一步，实施十余年来对防止其他国家向我国倾销有毒化学品起到了十分积极和重要的作用。近两年来，配合国内安全管理形势和国际履约的需要，进出口管理的深度和广度也在不断加大。

5.5.3 新化学物质环境管理

为兑现我国加入WTO谈判时就化学品环境管理方面做出的郑重承诺，2003年9月，国家环保总局发布了《新化学物质环境管理办法》，在中国首次建立了新化学物质申报登记制度，在管理制度建设上实现了具有里程碑意义的重大突破，实现了与国际接轨。为配合《新化学物质环境管理办法》的实施，国家环保总局制定和发布了《化学品测试导则》《化学品测试合格实验室导则》和《新化学物质危害评估导则》等技术标准，对化学品的测试方法、测试机构条件，以及新化学物质专家评审中的评估水平划分、数据要求、测试机构资质要求、评审原则、分级标准等进行了规定，使《新化学物质环境管理办法》得以顺利实施。

5.5.4 测试合格实验室建设

我国一直以来都十分重视化学品测试技术方法及实验室的建设工作，早在20世纪90年代中期，国家环保局就下达了《化学品测试准则》《国家环保局合格实验室（即GLP实验室）准则》《化学品测试GLP实验室考核评估指标体系研究》等研究项目。与此同时，国家环保局还对提供新化学物质测试服务的国内实验室的资质条件进行了明确，对这些实验室进行了实地考察，对有能力开展测试服务的新化学物质测试机构进行了公布。在实验室建设方面也开展了一些工作。

5.5.5 废弃化学品环境管理

为有效地控制废弃化学品对环境的影响，2005年8月国家环保总局颁布了《废弃危险化学品污染环境防治办法》，规定对废弃危险化学品产生、收集、运输、贮存、利用、处置的全过程实施监管，并在固体废物管理的总体框架下，对废弃危险化学品建立了申报登记、经营许可、行政代处置等制度，明确了关停并转企业的污染防治责任和对收缴、接收的废弃危险化学品的处置职责，这些制度的建立和实施有效改善了废弃化学品的环境问题。

5.5.6 国际化学品环境公约的履约

我国先后批准了《斯德哥尔摩公约》《鹿特丹公约》两个重要的化学品环境公约，在国内履约方面已取得初步成效。在《斯德哥尔摩公约》履约方面，我国政府一直十分重视，近年来开展了大量的工作：①针对我国POPs底数不清、污染状况不明的问题，国家环保总局进行了杀虫剂POPs生产、流通、使用、进出口、库存、废弃和排放情况的调查，开展了含多氯联苯电力装置使用及封存情况的调查，对可能产生二噁英和呋喃的行业及重点企业进行了筛选分析，初步了解了我国POPs的现状，并提出了我国POPs的防治重点领域；②围绕国家实施计划（NIP）的编制工作开展了一系列战略研究，目前已组织开展杀虫剂战略与规划、多氯联苯管理与处置战略、二噁英减排战略研究和POPs库存和废弃管理处置战略等研究，还对我国现有机构、政策、法规和基础设施进行了评估；③成立了相关机构，2003 年成立了由国家环保总局牵头、11 个相关部委参加的国家履约实施方案编制领导小组和联络员小组。2005 年经国务院批准成立了由国家环保总局任组长、国家发改委等 11 个部委组成的国家履约工作协调组，国家环保总局内部也成立了履约领导小组及履约办公室，推动履约工作。在履行《鹿特丹公约》方面，在公约临时执行期间，国家环保总局已在法规配套、机构建设、人员培养、资源投入等方面做了大量工作。为了推动公约的批准和生效，国家环保总局还联合公约秘书处于 2004 年 3 月、12 月分别举办了《鹿特丹公约》亚太地区研讨会、国内企业宣传会和国内批准和履约协调会，有效推动了国内的批约进程。公约批准后，国家环保总局积极联合农业部、海关总署按照公约的要求，适时将公约管制化学品纳入我国化学品进出口管理体系中，并在建立履约机制、履约工作程序、制定国内配套法规、开展公约培训和宣传等开展了大量工作。

5.5.7 存在的主要问题

尽管在化学品管理上，我国已开展大量工作并取得一定成效，但在化学品基础研究、数据开发、管理能力、技术水平及人员队伍等方面仍十分薄弱，也使我国在应对国际化学品管理总体形势方面表现被动，在履行国际化学品环境公约、协定方面面临很多难题。

5.5.7.1 缺乏有效的协调机制

我国在化学品管理上的职责分工是依据《危险化学品安全管理条例》按环节来划分的，从化学品生产、使用、储存、运输到处置的全过程分别由安全监督、质检、公安、交通、环保和卫生等部门在各自职责范围内实施管理。由于管理部门众多、职能交叉，部门之间又没有建立行之有效的协调机制，致使管理相互脱节，成效差强人意。我国目前的这种分工管理模式也鲜见于世界各国，如美国，化学品管理统一由美国环保局授权实施，对于措施到位、实施全生命周期管理十分有利。日本虽由经产省（经济贸易部）、环境省和厚生省（卫生部）三部门共同负责，但相互之间职责明确，经产省牵头负责行业技术事项的评估，环境省负责生态环境数据的评估，厚生省负责人体健康数据的评估，良好的运作机制保障了管理的效果。建立有效的管理机制对于我国化学品管理是至关重要的。

5.5.7.2 法规体系不健全

在化学品法制建设上，我国已出台一些法律法规文件，如《药品管理法》《危险化学品安全管理条例》《农药管理条例》等。然而，这些法规管理目标单一，有的只涉及单一类别，有的只关注安全，相互之间缺乏衔接，削弱了我国化学品管理的实际效果。国际化学品管理是与“环境、健康、安全”（EHS）并行的，我国环境管理主要针对新化学物质和有毒化学品的进出口，没有高级别法规作为依托，不仅与国际大趋势不符，也与我国大国的身份不相符。将环境管理提升到它应有的位置、引起高层领导足够的重视、确保三方面均衡发展已是当务之急。

5.5.7.3 污染底数不清

许多发达国家在发展过程中已充分地认识到水、气和渣的污染问题，归根结底就是化学品的污染问题，这些国家对于水、气和渣的排放监测和控制早已从简单的几项指标扩展到几百种化学品的监测要求。相比之下，我国目前在污水、大气治理中检测和控制的指标还十分有限，污水控制主要指标还只是 BOD、COD，大气污染控制也仅集中在悬浮颗粒物、氮氧化物和苯系物等。然而，从近几年的监测结果和一些案例已经可以看出，我国化学品污染问题已经相当严重，应尽早将国内化学品污染情况摸清，为科学决策提供依据。

5.5.7.4 基础研究、技术开发能力不足

就我国 POPs 研究来说，起步于 20 世纪 80 年代末 90 年代初，比国外同类研究晚了 10 年左右，90 年代中后期又没有启动影响重大的 POPs 研究项目，更加大了与国外的差距。我国现有 POPs 监测体系还未完全建立，根本不能满足 POPs 污染控制的需求。我国 1996 年才建成第一个装备高分辨能力质谱仪的二噁英分析实验室，至今全国符合国际标准的二噁英分析实验室不足 5 个。基础研究的不足和基础设施的缺乏，使得我国在化学品替代技术和减排技术研发能力十分有限。同时，这些研究和开发工作在国家发展和科技研究规划中并没有被列为关注点。

5.5.7.5 管理队伍、技术队伍有待加强

目前，各级环保部门在化学品环境管理工作中介入较浅，环保部也还没有成立专门的司、处，来从事化学品的环境管理工作，而对口的科研队伍也十分缺乏，

人力和资源的匮乏直接导致了可提供的基础支撑和服务的能力十分有限。这与发达国家形成了十分鲜明的对比，美国环保局目前负责化学品管理的污染预防办公室有 5 个处室，仅负责新化学物质管理的行政官员就有 60 人，包括科研性公务员在内共有 700 多人，日本环境省更多，有 1 000 多名。我国在人员队伍培养和建设方面必须足够重视起来。

5.5.7.6 企业、公众危害意识不足、管理及参与能力差

在我国，企业、公众对化学品环境污染问题的关注度及认识还远远不够。尤其是企业，大多数领导决策层缺乏环境意识，还不能清楚认识到其生产使用过程中的违规操作和随意排放、丢弃可能对环境及人类健康的长期负面影响，普遍没有有效的环境管理制度。而公众意识的淡薄使得其对涉及自身利益的企业的违规行为的监督力度不够。进行全民环境意识教育对提升我国化学品环境管理水平和效果是至关重要的。

5.6 中国危险化学品环境管理和技术支撑体系与国外的差距

5.6.1 在环境管理指导方针上的差异

中国目前危险化学品安全生产的理念主要指保障人民生命和财产安全，防止事故发生及其对环境的污染危害，促进经济发展。根据《危险化学品安全管理条例》，危险化学品安全生产监管的范围虽然涉及危险化学品的生产、经营、储存、运输、使用和废弃危险化学品处置活动，但是侧重于劳动生产过程安全和化学事故防范，较少考虑人类健康安全和生态环境安全。环境管理更侧重于化学污染物排放的“末端治理”。中国化学品安全和环境管理决策基本上是依据一种化学品固有的危险性及其潜在危害程度大小进行管理，较少考虑其暴露场景和风险大小。中国危险化学品环境管理尚缺乏一套综合性科学管理政策和指导原则。

5.6.2 法规和管理制度上的差异

中国缺少一部针对工业化学品污染环境防治问题进行规范的综合性环境管理基本法律或国务院行政条例。中国在工业危险化学品环境管理法规及其相应管理制度方面与发达国家的主要差异表现在：新化学物质管理上的差距中国从 2003

年10月才开始实行新化学物质申报登记制度。在对新物质的健康和环境危险性鉴别和审查评价的基础上，对符合危害性评估标准的新物质，在生产和进口前批准登记，而对具有高健康和环境风险的化学物质采取禁止或限制其生产和使用等措施。中国新化学物质申报登记制度的实施尚处于起步阶段。新化学物质的评审方法基本上是基于危害评估，对新物质的暴露评估和环境风险评价还有许多需要改进完善之处。由于环保部颁布的《新化学物质环境管理办法》属于部门规章，其法律地位低，执行力度也不尽如人意。新化学物质申报审查制度实施情况与发达国家存在不小差距。

5.6.3 重大环境危险源报告和预案制度—控制重大危险源的差距

中国危险化学品种类只包括爆炸品、易燃物质、活性化学物质和有毒物质四类危险物质，未包括致癌物质和环境危险物质；除了标准的控制名单上列出的142种物质之外，缺少其他危险源的类别标准，无法识别特定名单之外的其他重大危险源物质。由于许多引起国际关注的致癌物质和危害环境化学物质未列入国家重大危险源辨识标准，也没有建立重大环境危险源报告和应急预案制度，不能保证危害环境化学品事故预防和应急管理的有效实施。

5.6.4 监督管理方法上的差异

为预防和控制化学品的风险，欧洲发达国家采取各种管理措施和对策，包括：①通过对化学品进行测试，鉴别其固有危险性；②对危险化学品进行分类和标签，做出危险性警示标志；③建立暴露情景，评估风险；④通过编制 MSDS，传递公示化学品危险性和风险信息；⑤在没有适当方法控制化学品风险时，采取禁止或限制使用等措施等。而在中国，主管部门青睐于采用“命令—服从”的许可管理制度以及登记管理的方式，很少考虑采用其他方式鼓励和推动企业自愿参与化学品安全管理。

国际化学品管理的实践经验证明，要实现化学品环境无害化管理，需要各国建立完善的化学品环境管理法规和标准体系，制定科学明确的化学品环境无害化管理政策和策略，将化学品环境管理纳入国家环境保护宏观战略及可持续发展战略之中。国家还需要拥有健全的化学品安全和环境监督管理体制和部门间协调机制，完备的化学品测试评价实验室系统、信息管理和公示系统等技术支撑体系；实现公众知情参与化学品安全，政府部门和非政府其他组织积极合作，将化学品安全视为全社会共同的任务和责任。

6 欧洲环境风险管理的塞维索指令的主要危险化学品与管理控制方法

随着工业的快速发展，危险化学品引起的灾难性事故被频繁报道，重大化学危险源的安全控制是世界各国普遍关注的重大问题。本章介绍了欧洲联盟关于防止重大事故的塞维索指令和重大化学危险源判定基准及主要安全管理制度。建议我国应制定和完善重大化学事故的法规与标准，完善危险源企业的安全管理制度，以及加强危险化学品安全的信息传播。

6.1 危险化学品的安全管理不容忽视

各种化学品，包括医药、农药、化学肥料、塑料、纺织纤维、电子化学品、家庭装饰材料、肥皂、洗衣粉、化妆品以及食品添加剂等，已成为人们日常生产和生活中不可缺少的一部分。目前世界上所发现的化学品已超过千余万种，日常使用的约有 700 余万种，世界化学品的年总产值已达到万亿美元。随着社会发展和科学技术的进步，人类使用化学品的品种、数量在迅速地增加，每年约有千余种新的化学品问世，然而不少化学品因其所固有的易燃、易爆、有毒、有害、腐蚀、放射等危险特性，在其生产、经营、储存、运输、使用以及废弃物处置的过程中，如果管理或技术防护不当，将会损害人体健康，造成财产损失，生态环境污染。因此，化学品在造福于人类的同时，也给人类生产和生活带来了很大的威胁。

第二次世界大战后，随着工业化进程的不断加快和化工厂规模的不断扩大，危险物质灾害事故的发生明显增加。近几十年来，全世界已发生过 60 多起严重化学品环境污染事件，公害病患者达 40 万～50 万人，死亡 10 多万人。如 1952 年英国的伦敦烟雾事件，一周内致 4 000 多人死亡；1953—1956 年日本的水俣病事件，甲基汞的泄漏导致 439 人死亡，1 044 人中毒。近年来我国危险化学品生产、使用和运输事故时有发生，仅 2000 年以来，我国就发生了数十起让人难以忘却的环境事故：2005 年 3 月，京沪高速淮安段发生了特大液氯泄漏，直接导致 28 人死亡，近万人被疏散；2005 年 11 月 13 日，吉林市吉化公司双苯厂的苯胺装置爆炸引起硝基苯、苯胺泄漏，致 5 人死亡，数十人受伤，100 多 t 硝基苯等苯类污染物排泄进入松花江造成严重水体污染；2010 年 7 月 16 日，辽宁省大连市输油管爆炸漏油造成重大生态风险。据官方统计，截至 2010 年 11 月，环境保护部共受理环境污染事件 1 469 起。

重大化学危险源的安全控制已成为世界各国普遍关注的重大问题，联合国所属机构以及国际劳工组织对危险化学品安全提出了有关约定和建议，美国、欧盟、日本等国家、组织围绕危险化学品的安全制定了有关的法规和监控体系，对危险化学品实行全过程的监控管理。欧盟是环境法发展最为活跃的区域，制定了《塞维索指令》，该指令依据欧盟本土、世界其他国家或地区应对环境事故的具体情况而不断地发展和完善，对化学事故的预防、应急颇有实效，已成为欧盟在应对化学事故方面的重要制度，可视为欧盟环境应急管理方面最主要的法律。

6.2 欧洲环境风险管理的塞维索指令的主要危险化学品与管理控制方法

《塞维索指令》根据化学品的毒性、易燃性和爆炸性确定了 180 种有重大危险性化学品及其临界量基准，作为重大危险源设施判定基准（表 6-1）。

表 6-1 欧盟塞维索指令规定的有重大危险化学物质及其阈限量

序号	重大危险物质名单	CAS 登记号	阈限量
1	氨	7664-41-7	500 t
2	4-氨基联苯	92-67-1	1 kg
3	胺吸磷	78-53-5	1 kg
4	苯硫磷	2104-64-5	100 kg
5	吡唑磷	108-34-9	100 kg
6	1,3-丙磺酸内酯	1120-71-4	1 kg
7	丙酮合氰化氢	75-86-5	200 t
8	2-丙烯-1-醇	107-18-6	200 t

序号	重大危险物质名单	CAS 登记号	阈限量
9	1-丙烯-2-氯-1,3-二醇二乙酸酯	10118-77-6	10 kg
10	丙烯腈	107-13-1	200 t
11	丙烯醛	107-02-8	200 t
12	丙烯亚胺	75-55-8	50 t
13	捕灭鼠	5836-73-7	100 kg
14	虫螨威	1563-66-2	100 kg
15	氮氧化物	11104-93-1	50 t
16	敌鼠	82-66-6	100 kg
17	叠氮化钡	18810-58-7	50 t
18	叠氮化铅	13424-46-9	50 t
19	毒虫畏	470-90-6	100 kg
20	毒黎碱	494-52-0	100 kg
21	毒鼠磷	4104-14-7	100 kg
22	对硫磷	56-38-2	100 kg
23	对氧磷	311-45-5	100 kg
24	二（2-氯乙基）硫	505-60-2	1 kg
25	二（氯甲基）醚	542-88-1	1 kg
26	二-*N*-丙基过氧化重碳酸酯（含量≥80%）	16066-38-9	50 t
27	二苄基过氧化重碳酸酯（含量≥90%）	2144-45-8	50 t
28	二氟化氧	7783-41-7	10 kg
29	二甲基氨基甲酰氯	79-44-7	1 kg
30	二甲基氨基磷氰酸	63917-41-9	1 t
31	二甲基亚硝胺	62-75-9	1 kg
32	二硫化碳	75-15-0	200 t
33	二氯化硫	10545-99-0	1 t
34	二偶氮二硝基苯酚	87-31-0	10 t
35	2,2-二氢过氧化丙烷（含量≥30%）	2614-76-8	50 t
36	二硝基苯酚盐	—	50 t
37	1,2-二溴乙烷（二溴化乙烯）	106-93-4	50 t
38	二氧化硫	7446-09-5	250 t
39	二乙二醇二硝酸酯	693-21-0	10 t
40	*O,O*-二乙基-*S*-丙基硫代甲基二硫代磷酸酯	3309-68-0	100 kg
41	*O,O*-二乙基-*S*-乙基硫代甲基硫代磷酸酯	2600-69-3	100 kg
42	*O,O*-二乙基-*S*-乙基硫酰基甲基硫代磷酸酯	2588-06-9	100 kg
43	*O,O*-二乙基-*S*-乙基甲硫酰基甲基硫代磷酸酯	2588-05-8	100 kg
44	*O,O*-二乙基-*S*-异丙基硫代甲基二硫代磷酸酯	78-52-4	100 kg

序号	重大危险物质名单	CAS 登记号	阈限量
45	二乙基对甲基亚磺酰硫代磷酸酯	115-90-2	100 kg
46	二仲丁基过氧化重碳酸酯（含量≥80%）	19910-65-7	50 t
47	放线菌酮	66-81-9	100 kg
48	砜拌磷	2497-07-6	100 kg
49	4-氟-2-羟基丁酸	—	1 kg
50	4-氟-2-羟基丁酸酰胺	—	1 kg
51	4-氟-2-羟基丁酸盐	—	1 kg
52	4-氟-2-羟基丁酸酯	—	1 kg
53	4-氟巴豆酸	37759-72-1	1 kg
54	4-氟巴豆酸酰胺	—	1 kg
55	4-氟巴豆酸盐	—	1 kg
56	4-氟巴豆酸酯	—	1 kg
57	4-氟丁酸	462-23-7	1 kg
58	4-氟丁酸酰胺	—	1 kg
59	4-氟丁酸盐	—	1 kg
60	4-氟丁酸酯	—	1 kg
61	氟化氢	7664-39-3	50 t
62	氟乙酸	144-49-0	1 kg
63	氟乙酸盐	—	1 kg
64	氟乙酸酯	—	1 kg
65	氟乙酰胺	640-19-7	1 kg
66	高度易燃液体[82/501/EEC 附录Ⅳ（c）（ii）部分]	—	50 000 t
67	光气	75-44-5	750 kg
68	果虫磷	3734-95-0	100 kg
69	过氧化二异丁基（含量≥50%）	3437-84-1	50 t
70	过氧化甲基乙基酮（含量≥60%）	1338-23-4	50 t
71	过氧化甲基异丁酮（含量≥60%）	37206-20-5	50 t
72	过氧化新戊酸叔丁酯（含量≥77%）	927-07-2	50 t
73	过氧化重碳酸二乙酯（含量≥30%）	14666-78-5	50 t
74	过乙酸（含量≥60%）	79-21-0	50 t
75	胡桃醌（5-羟基萘-1,4-二酮）	481-39-0	100 kg
76	环三亚甲基三硝胺	121-82-4	50 t
77	环四亚甲基四硝胺	2691-41-0	50 t
78	环线磷	26419-73-8	100 kg
79	环氧丙烷	75-56-9	50 t

序号	重大危险物质名单	CAS 登记号	阈限量
80	环氧乙烷	75-21-8	50 t
81	季戊四醇四硝酸酯	78-11-5	50 t
82	甲拌磷	298-02-2	100 kg
83	甲氟磷	115-26-4	100 kg
84	*N*-甲基-*N*-2,4,6-四硝基苯胺	479-45-8	50 t
85	甲基对硫磷	298-00-0	100 kg
86	甲基谷硫磷	86-50-0	100 kg
87	甲基异氰酸酯	624-83-9	150 kg
88	甲醛（含量≥90%）	50-00-0	50 t
89	金属钴、氧化钴、碳酸钴、硫化钴粉末	7440-48-4	1 t
90	金属镍、氧化镍、碳酸镍、硫化镍粉末	7440-02-0	1 t
91	苦氨酸钠	831-52-7	50 t
92	雷酸汞	628-86-4	10 t
93	联苯胺	92-87-5	1 kg
94	联苯胺及其盐类	—	1 kg
95	联氟螨	4301-50-2	100 kg
96	磷胺	13171-21-6	100 kg
97	磷化三氢（膦）	7803-51-2	100 kg
98	硫化氢	7783-06-4	50 t
99	硫磷嗪	297-97-2	100 kg
100	硫特普	3689-24-5	100 kg
101	六氟化碲	7783-80-4	100 kg
102	六氟化硒	7783-79-1	10 kg
103	3,3,6,6,9,9- 六 甲 基 -1,2,4,5,- 四 氧 杂 环 壬 烷（含量≥75%）	22397-33-7	50 t
104	六甲基磷酰胺	680-31-9	1 kg
105	1,2,3,7,8,9-六氯二苯并对二噁英	19408-74-3	100 kg
106	2,2′,4,4′,6,6′-六硝基均二苯代乙烯	20062-22-0	50 t
107	氯	7782-50-5	25 t
108	氯化氢（液化气体）	7647-01-0	250 t
109	氯化三硝基苯	28260-61-9	50 t
110	氯甲基甲醚	107-30-2	1 kg
111	4-（氯甲酰基）吗啉	15159-40-7	1 kg
112	氯酸钠	7775-09-9	250 t
113	氯亚磷	10311-84-9	100 kg
114	1-脒基-4-亚硝氨基脒基-1-四氮烯	109-27-3	10 t

序号	重大危险物质名单	CAS 登记号	阈限量
115	2-萘胺	91-59-8	1 kg
116	内吸磷	8065-48-3	100 kg
117	哌嗪	151-56-4	50 t
118	铍（粉末,化合物）	7440-41-7	10 kg
119	羟基乙腈（乙醇腈）	107-16-4	100 kg
120	氢	1333-74-0	50 t
121	氰化氢	74-90-8	20 t
122	1,3,5-三氨基-2,4,6-三硝基苯	3058-38-6	50 t
123	1-三（环己基）甲锡烷基-1,2,4-三唑	41083-11-8	100 kg
124	三硫磷	786-19-6	100 kg
125	三氯甲烷亚磺酰氯	594-42-3	100 kg
126	三硝基苯	99-35-4	50 t
127	三硝基苯胺	29652-12-1	50 t
128	2,4,6-三硝基苯酚（苦味酸）	88-89-1	50 t
129	2,4,6-三硝基苯甲醚	606-35-9	50 t
130	三硝基苯甲酸	126-66-8	50 t
131	2,4,6-三硝基苯乙醚	4732-14-3	50 t
132	2,4,6-三硝基甲苯	118-96-7	50 t
133	三硝基甲酚	28905-71-7	50 t
134	2,4,6-三硝基间苯二酚（收敛酸）	82-71-3	50 t
135	2,4,6-三硝基间苯二酚氧化铅（收敛酸铅）	63918-97-8	50 t
136	三氧化二砷、亚砷酸及其盐	1327-53-3	100 kg
137	三氧化硫	7446-11-9	100 t
138	三乙烯蜜胺	51-18-3	10 kg
139	杀鼠灵	81-81-2	100 kg
140	砷化三氢（胂）	7784-42-1	10 kg
141	叔丁基过氧化马来酸酯（含量≥80%）	1931-62-0	50 t
142	叔丁基过氧化乙酸酯（含量≥70%）	107-71-7	50 t
143	叔丁基过氧化异丙烯碳酸酯（含量≥80%）	2372-21-6	50 t
144	叔丁基过氧化异丁酸酯（含量≥80%）	109-13-7	50 t
145	鼠立死	535-89-7	100 kg
146	双（2,4,6-三硝基苯基）胺	131-73-7	50 t
147	2,2-双（叔丁基过氧化）丁烷（含量≥70%）	2167-23-9	50 t
148	1,1-双（叔丁基过氧化）环己烷（含量≥80%）	3006-86-8	50 t
149	四甲基铅	75-74-1	50 t
150	2,3,7,8-四氯二苯并对二噁英	1746-01-6	1 kg

序号	重大危险物质名单	CAS 登记号	阈限量
151	四羰基镍	13463-39-3	10 kg
152	四亚甲基二硫四胺	80-12-6	1 kg
153	四乙基铅	78-00-2	50 t
154	速灭磷	7786-34-7	100 kg
155	碳氯灵	297-78-9	100 kg
156	特普	107-49-3	100 kg
157	锑化（三）氢	7803-52-3	100 kg
158	涕灭威	116-06-3	100 kg
159	五氧化二砷、砷酸及其盐	1303-28-2	500 kg
160	戊硼烷	19642-22-7	100 kg
161	硒化氢	7783-07-5	10 kg
162	烯丙胺	107-11-9	200 t
163	硝化甘油	55-63-0	10 t
164	硝化纤维素（含氮＞12.6%）	9004-70-0	100 t
165	（a）硝酸铵① （b）硝酸铵肥料②	6484-52-2	2 500 t 10 000 t
166	硝酸肼	13464-97-6	50 t
167	硝酸乙酯	625-58-1	50 t
168	溴	7726-95-6	500 t
169	溴甲烷（甲基溴）	74-83-9	200 t
170	4,4-亚甲基双（2-氯苯胺）	101-14-4	10 kg
171	亚硒酸钠	10102-18-8	100 kg
172	液氧	7782-44-7	2 000 t
173	乙拌磷	298-04-4	100 kg
174	乙二醇二硝酸酯	628-96-6	10 t
175	乙基谷硫磷	2642-71-9	100 kg
176	乙硫磷	563-12-2	100 kg
177	乙炔	74-86-2	50 t
178	异狄氏剂	465-73-6	100 kg
179	易燃物质[82/501/EEC 附录Ⅳ（c）（i）部分]	—	200 t
180	易燃物质[82/501/EEC 附录Ⅳ（c）（iii）部分]	—	200 t

①适用于硝酸铵和氮含量＞28%（质量分数）的硝酸铵混合物以及硝酸铵含量＞90%的水溶液。

②适用于（欧盟指令 80/876/EEC 定义的）硝酸铵肥料以及硝酸铵中氮含量＞28%（质量分数）的复合肥料。复合肥料中可能含有其他肥料元素，如磷酸盐和钾盐。

由于 1984 年印度博帕尔市联合碳化合物公司异氰酸甲酯的泄漏事故及 1986 年瑞士巴塞尔市圣多兹化工厂在灭火时造成莱茵河大面积污染两次事故之后，欧盟对《塞维索Ⅰ指令》进行了修订，于 1996 年通过了《关于防止危险物质重大事故危害的指令》（96/82/EC），简称《塞维索Ⅱ指令》。

此指令根据危险化学品的毒性、易燃性、爆炸性和环境危险性，重新确定了 30 种（类）特定危险物质以及其他各类危险化学品的临界量（表 6-2 和表 6-3）。2001 年欧盟理事会又对《塞维索Ⅱ指令》进行了进一步调整，将重大危险源中的特定致癌物质扩大到 17 种，重新划定爆炸品的类别，并强化了环境危险物质临界量基准值（表 6-2 和表 6-3）。

表 6-2　塞维索Ⅱ指令规定的特定危险物质及其临界量

危险物质名称	临界量/t	
	需要通报书	需安全报告和应急计划
硝酸铵和硝酸铵化合物	350	2 500
硝酸铵肥料及复合肥料	1 250	5 000
五氧化二砷，砷酸盐	1	2
三氧化二砷，亚砷酸盐	—	0 1
溴	20	100
氯	10	25
吖丙啶	10	20
氟	10	20
甲醛（≥90%）	5	50
氢	5	50
氯化氢（液化气体）	25	250
烷基铅	5	50
乙炔	5	50
镍化合物粉末（一氧化镍、二氧化镍、硫化镍、二硫化三镍、三氧化二镍）	—	1
极易然液化气体（包括液化石油气和天然气）	50	200
环氧丙烷	5	50
甲醇	500	5 000
4,4-亚甲基双（α-氯苯胺）及其盐类		0.1
甲基异氰酸酯	—	0.15
氧	200	2 000
甲苯二异氰酸酯	10	100

危险物质名称	临界量/t	
	需要通报书	需安全报告和应急计划
砷化三氢（胂）	0.2	1
磷化三氢（膦）	0.2	1
二氯化硫	1	1
二氧化硫	15	75
石油产品 （a）汽油及石脑油 （b）煤油和喷气发动机燃料 （c）粗柴油（包括内燃机燃料，家庭取暖用油和瓦斯油混合液）	2 500	25 000
光气	0.3	0.75
环氧乙烷	5	50
多氯二苯并呋喃和多氯二苯并二噁英（以 TCDD 当量计）	—	0.001
下列致癌物质含量高于 5%时： 4-氨基联苯及其盐 三氯甲苯 联苯胺及其盐 双（氯甲基）醚 氯甲基甲醚 1,2-二溴乙烷 硫酸二乙酯 硫酸二甲酯 二甲氨基甲酰氯 1,2-二溴-3-氯丙烷 1,2-二甲肼 二甲基亚硝胺 六甲基磷酸三酰胺 肼 二萘胺及其盐 1,3-丙磺酸内酯 4-硝基联苯	0.5	2

表 6-3 其他危险物质类别和临界量

危险性类别	临界量/t	
	需要通报书	需安全报告和应急计划
1 极高毒性物质①	5	20
2 有毒物质①	50	200
3 氧化性物质	50	200
4 爆炸性物品② HD1.4 类物质或制剂	50	200
5 爆炸性物品② HD1.1，1.2，1.3，1.5，1.6，R2，R3 类物质或制剂	10	50
6 易燃液体③	5 000	50 000
7 高度易燃液体④	50	200
高度易燃液体⑤	5 000	50 000
8 极易燃气体和液体⑥	10	50
9 环境危险物质⑦ i 对水生生物极高毒性（R50，R 50/53） ii 对水生生物有毒和对水生环境有长期影响的物质（R 51/53）	 100 200	 200 500
其他物质 i 与水剧烈反应物质 ii 与水接触释放出有毒气体的物质	100 50	500 200

①“极高毒性物质”是指具有下列急性毒性值的化学物质：

LD_{50}（大鼠经口）≤25 mg/kg；LD_{50}（大鼠经皮）≤50 mg/kg；LC_{50}（大鼠吸入）≤0.5 mg/L。

“有毒物质”是指具有下列急性毒性值的化学物质：

LD_{50}（大鼠经口）＞25～200 mg/kg；LD_{50}（大鼠经皮）＞50～400 mg/kg；

LC_{50}（大鼠吸入）＞0.5～2 mg/L。

②“爆炸性物品”是指被分类为带有风险术语 R2 或 R3 的物质或制剂；或者根据联合国分类标准（UN/ADR）被分类为危险性级别 HD1.1～HD1.6 类的任何物质或制剂。本类中烟火物质是指设计用来产生热量、光、声响、气体或烟雾或者通过非起爆自持的放热化学反应产生这些效应的结合烟火物质或混合物。

HD1.1：具有整体爆炸危险的物品；

HD1.2：具有抛射危险，但无整体爆炸危险的物品；

HD1.3：具有燃烧危险和较小爆炸或较小喷射危险，或者两者兼有但无整体爆炸危险的物品；

HD1.4：无重大危险的爆炸物品；

HD1.5：非常不敏感的爆炸物品；

HD1.6：极不敏感的没有整体爆炸危险的物品。

R2：受振动、摩擦、遇火焰或其他引燃源会产生爆炸危险的物质或制剂；

R3：受振动、摩擦、遇火焰或其他引燃源会产生极大爆炸危险的物质或制剂。

相关危险性级别和术语风险术语含义如下：

③“易燃液体”是指21℃≤闪点≤55℃（风险术语为R10），支持燃烧的物质和制剂。

④“高度易燃液体”是指在室温下没有投入任何能量，与空气接触时可能变热，最终着火的物质和制剂（风险术语为R17）；或者闪点低于55℃，在加压下保持液态，在特定加工条件下，如高温或高压下可能产生重大事故危险的物质和制剂。

⑤“高度易燃液体”是指闪点低于21℃，且非极易燃的物质和制剂（风险术语为R11）。

⑥“极易燃气体和液体”是指（i）闪点低于 0℃和在常压下沸点（或初始沸点）≤35℃的液体物质和制剂（风险术语为R12）；（ii）在常温常压下与空气接触时易燃的气体物质和制剂（风险术语为R12），不论其是在气态还是超临界状态，但不包括极易燃的液化气体（含液化石油气）和天然气；（iii）保持在沸点温度以上的易燃液体物质和制剂。

⑦环境危险物质：（i）对水生生物极高毒性物质是指具有下列生态毒性的物质：

LC_{50}（鱼类）≤1 mg/L；EC_{50}（水蚤）≤1 mg/L。

（ii）对水生生物有毒物质是指具有下列生态毒性的物质：

LC_{50}（鱼类）＞1～10 mg/L；EC_{50}（水蚤）＞1～10 mg/L。

欧盟重大危险源的安全管理主要依据为《塞维索Ⅱ指令》。《塞维索Ⅱ指令》是根据企业中储存危险化学品的数量，按照两个不同限量等级，确定不同的管理控制要求。塞维索指令更侧重于制度上的严格管理，通过对主管当局和危险企业的双重要求，实现对危险物质储存的风险管理，主要由安全通报书制度、预防重大事故的方针和安全管理制度、安全报告制度、应急计划。

7 中国环境风险问题及塞维索指令的实行

本章叙述了中国环境风险问题，以及我国国情下《塞维索指令》的实施及政策。用事实说明我国出台塞维索指令的必要性，提出在执行过程中我国存在的问题以及应对方案，使中国化塞维索指令得以实行。

7.1 中国环境风险问题

近年来环境污染事件频发，环境污染程度及由此引发的经济社会影响都达到了空前的地步，如 2005 年松花江水污染事件导致下游城市哈尔滨大规模停水，影响下游城市居民日常生活并造成严重的经济社会影响，引发跨界污染，严重影响了国际声誉；2007 年太湖蓝藻事件更是引发了太湖流域无锡等地的水荒，严重影响居民日常生活；2010 年大连新港输油管道爆炸事故造成的海上溢油严重影响了大连湾及附近海域的海水水质，并对当地的渔业旅游业等造成了不可估量的损失。环境污染事件按照事故孕育到发生的时间长短可以分为突发环境污染事件和累积环境污染事件。

突发环境污染事件是指事故在短期内爆发，大量污染物进入环境介质，造成环境质量明显下降的环境污染事件。累积环境污染事件是指污染物经过长时间累积，富集到一定水平导致污染事件的发生，虽然累积性污染形成的较慢，一旦爆发造成的影响非常大，事故后的修复也有一定难度。事故的发生往往伴随人员伤亡及财产损失，造成严重的环境污染生态破坏，所以对于环境污染事件的规避和应急处理处置成为环境管理中的重要问题之一，而对于突发性环境事件应急处置的成败，很大程度上取决于是否具有成熟的公共管理平台、是否为风险管理中的事故预警应急管理监测监控等提供相关的信息查询技术服务等。“一个完备而健全的公共服务平台应不仅仅是为公众提供各类污染事件信息，同时要为决策者在应急过程中提供相关应急技术与类似案例的信息”，公共服务平台需要为各类环境风险的全过程管理提供技术上的支持。“公共服务平台是为环境风险管理而服务的，应该包括环境风险的平时管理与战时管理。”平台要能够为应对突发环境污染事件提供相关的科学预测与危险性评估方法，能形成相关案例经验库，通过案例查询，优化事故处置方案和资源调配方案，快速形成相关应急预案，为应急管理提供便捷的工具，为指挥决策提供辅助支持手段。

当人们正被 2003 年 12 月 23 日的川东井喷事故弄的焦头烂额时，来自荷兰的柯兰海为中国的石油化工行业带来了《塞维索Ⅱ指令》规定，并被业内有识之士如饥似渴地接受了。这一出自欧盟的安全法规，英文名称为 SevesoII，中文可意译为控制危险物质重大事故灾害指令，也称《塞维索Ⅱ指令》。

根据《塞维索Ⅱ指令》规定，凡是生产使用化学品的企业经营者必须向主管当局提交企业内部应急计划。内容包括：制订应急行动程序及负责协调现场救援行动与对外联络的人员姓名及职务；限制其后果应采取的行动、安全设备和可提供的资源；需要与厂外应急救援服务机构协调的事项等。

指令要求各级政府必须根据辖区内相关企业的内部应急计划制订外部应急计划，并定期进行演练测试，确保发生重大事故时立即有效实施应急计划。指令还史无前例地规定，化学品生产企业有义务向公众提供安全措施信息，包括说明企业从事的活动、可能造成重大事故的危险物质名称、危险性类别及主要危险特性；企业可能发生重大事故的危险对人群和环境的潜在影响以及应当采取的行动及行为表现等。

对我国现有的环境类信息服务平台进行分析和评价，主要发现以下两个问题：一是数量上，此类信息平台还较少，发展并不成熟；二是质量上，该类信息平台涉及的内容并不全面，信息服务领域较窄，服务能力较弱，服务程度较浅。综合来看，我国环境信息平台的发展主要有以下缺点。

（1）信息整合不够

环保网站的信息孤岛现象比较严重，各个地区间基本不能实现互联互通，彼此信息封锁，信息渠道不通畅，没有一个信息交流的平台，不能实现信息的共享，“一些环保类网站的信息来源也并不通畅”。目前，网站的信息数据主要是依靠维护人员对当地现有数据的搜索、整合，经常出现内容缺失或不及时更新的情况。“各部门各地区之间都没有有效的信息交流机制，无法实现各类资源的有效整合。”

（2）环保类信息网站的运营机制不健全

环保类门户网站不仅需要建设，更需要应用与及时的更新。“如何建立此类网站并把它运用到实践中，发挥其应有的作用，目前这方面的机制还很不健全”，在机构设置、经费支撑、日常管理和运用等许多方面还很不到位。因此，本书希望对国内外现有的信息平台进行调研，开发设计符合我国环境风险发展特点的环境风险类的信息门户网站，整合环境风险领域内的各项信息，为开展环境风险研究应对环境风险事故等提供及时有效的帮助，旨在建立我国环境风险领域内信息整合最全面的门户类网站。

我国在环境风险管理正处于探索阶段。针对我国国情首先要着手研究制定环境风险管理方面更高层次的法律法规[1]。目前我国环境风险管理法律依据不足。我国虽然有《危险化学品管理条例》等法规，但管理思想整体比较粗放，无法根本解决我国目前面临的严峻的环境安全形势。据不完全统计，50%～60%的突发环境事件是由工业企业在生产过程中造成的，约 50%的水污染事件是由于危险化学品进入水体造成。针对工业企业环境风险方面存在的突出问题，应该整合现有的法律规定，尽早研究制定适合我国国情的针对性大、法律约束性高、可操作性强的法律体系，为相关部门依法管理提供法律支撑。

建立适合我国国情的环境风险评估方法。我国环境风险评估方法起步较晚、基础薄弱，再加上对于风险评估重要性认识的不足，导致我国风险评估相关工作迟迟未大规模的展开。环境风险评估方法研究工作目前已有在高校、科研院所展开，还没有上升到行政管理部门采纳使用的阶段。针对部分行业的环境风险等级划分方法虽然逐步展开，但对所有的工业企业进行系统的环境风险管理还有很大差距。应借鉴意大利的做法，研究形成一套简单易行的分类分级标准，尽快形成系统管理能力，然后再逐步完善。

加强环境风险技术队伍的整合和培养。环境风险管理工作是一项技术性强的工作，光依赖行政管理很难到位。我国已有一批技术人员和专家从事环境风险管理的研究工作，但比较零散，没有专门环境风险评估机构，缺乏专业技术服务人员。因此必须依托现有的技术人才，注重建立一支专业的环境风险评估技术队伍。这样才能真正实现从粗放式的行政管理向精细化技术管理的转变。

加强对油气管道运输的风险管理。2010 年初，陕西渭南柴油泄漏造成黄河部分河段受到污染。在此之前的 2007 年，陕西省长庆油田采油四厂原油泄漏污染事件造成部分原油进入延安饮用水水源地王瑶水库。油气管道的风险管理引起环境学家和环境管理者的重视。石化产品的长距离管道运输是我国重要的运输方式之一。到2009年，我国已建成原油管道1.7万km，成品油1.4万km，天然气3.1万km。油气管道总长超6万km。由于油气管道总长度大、跨区域范围广，管道途经地区多，地质、社会条件多变的特点，石化产品在运输过程中发生的突发事件往往更具不确定性、不可预知性，成为突发事件预防以及应急体系中的重点和难点。因此应借鉴意大利在油气管道运输中的经验，逐步建立适合我国石化产品管道运输的风险评价方法，并在此基础上，根据风险对不同的管道或管道的不同部分进行划分，确定“高风险”区段，实现环境突发事件的控制与预防工作中的分级管理、科学管理。

7.2　塞维索指令在我国的实行

在对塞维索指令的探索中已有部分企业开始实施。地处太湖之滨的无锡高新技术产业开发区的朗盛（无锡）化工有限公司不仅一丝不苟地按塞维索指令构建了企业的安全体系，而且还开发出一体化的质量、环境、安全和健康管理体系，并将QHES管理理念作为企业的核心价值观之一，质量、安全和环保成为企业高速发展的护航舰。

2009年5月10日，上海交通大学环境资源法研究所方堃副教授应邀出席了在武汉地质大学举办的“两型社会”建设体制机制创新全国学术研讨会。本次研讨会由中国地质大学（武汉）、中国法学会环境资源法学会、中国生态经济学会教育委员会主办，中国地质大学学报（社科版）编辑部承办。会议主题是“‘两型社会’建设体制机制创新研究”，旨在进一步提升“两型社会”建设的理论水平，促进“两型社会”综合配套改革试验区的发展，为“两型社会”建设在全国的推进积累改革经验。会议以“一体化”为目标，主要围绕着“武汉城市圈”与“长株潭城市群”的“两型社会”建设展开。会上，各方学者分别从法学、经济学、社会学与生态学等角度切入，各抒己见，进行了积极的讨论和交流，为“两型社会”建设献计献策。

当日，方堃副教授在研讨会上做了题为《欧盟环境应急制度之于环境友好型社会建设——从塞维索Ⅱ指令切入》的主题发言，该主题源于上海交通大学徐向华教授主持的国家863计划应用示范类课题“特大城市重大环境污染事件应急技术综合规范”之子课题“特大型城市环境风险防范与应急政策法规保障体系研究”

的阶段性成果。方堃副教授指出，环境友好型社会的建设需要以具体的法律制度设计为保障。中国已经进入风险社会，构建环境应急制度是环境友好型社会建设的子系统工程，而欧盟在此方面为我们提供了有益的经验。欧盟环境应急制度发源并建立于著名的《塞维索II指令》之上。《塞维索II指令》以明确的立法对风险交流、安全报告、内外应急预案、土地使用规划、公众参与等方面进行了规定，以保证各利益相关方在预防、应急中的作用。吸取塞维索事故的教训，研究《塞维索II指令》，构建和完善中国环境应急制度，将有利于降低环境友好型社会建设的风险。方堃副教授的报告引起了与会者的积极反响[2]。

虽然中国正处于环境风险管理的探索阶段，但只要我们能针对中国国情，从以往重大环境灾害中吸取经验教训，并以塞维索指令为标准出台一系列中国化法律为中国工业企业制定标准，既可以推动国家工业发展，又可以保证国家财产与人民安全。

8 环境风险管理的塞维索指令的本土化途径与主要措施

《塞维索指令》是欧盟应对环境风险的主要制度依据，对世界各国环境风险应对机制的建立具有重要影响。当前我国重大环境事故频发，而我国的环境应急管理制度对此却力不从心，对于环境风险管理相关措施还不够完善，本章就环境风险管理的塞维索指令的本土化途径与主要措施提出建议。

8.1 制定我国重大危险源辨识标准

目前我国尚未形成统一的重大危险源定义和辨识标准，因此，有必要在参考国外同类标准的基础上结合我国工业生产特点和重大事故发生规律提出火灾爆炸、毒物泄漏重大危险源辨识标准。有关部门初步调查表明，在我国可能酿成化学突发事故危险的主要毒物有光气、甲基异氰酸盐、氯气、甲醛、氯丙烯、氯乙烯、二硫化碳、甲胺、二甲胺、一氧化碳、氨、氢氰酸、苯、氟化氢等。

国际劳工组织认为：各国应根据具体的工业生产情况制定适合国情的重大危险源辨识标准。标准的定义应能反映出当地急需解决的问题以及一个国家的工业模式；可能需要一个特指的或是一般类别甚至是两者兼有的危害物质一览表，并列出每种物质的限额或是允许的数量，设施现场的有害物质超过这个数量，就可以定为重大危害设施。任何标准一览表都必须是明确的和毫不含糊的，以便使雇主能迅速地鉴别出他控制下的哪些设施是在这个标准定义的范围内。要把所有可能会造成伤亡的工业过程都定为重大危害是不现实的，因此得出的一览表会太广泛，现有的资源无法满足其要求。标准的定义需要根据经验和对有害物质了解的不断加深进行修改。根据我国工业生产情况，在参考国外同类标准的基础上，特提出下述重大危险源辨识标准建议。重大危险源是指工业活动过程中可能造成重大人身伤亡，或可能造成巨大经济损失，以及产生重大影响的危险设施，符合下列条件之一者定义为重大危险源。

（1）无论长期或临时的加工、生产、处理、储存、搬运或使用数量超过临界量的一种或多种危险物质的设施（不包括除核设施和加工放射性物质的设施、军事设施、设施现场之外的除管道输送外的运输）；

（2）具有 50 bar 以上压力且容积超过 20 m^3 的高压能量设施。

8.2 危险源分级管理

（1）危险源分级管理，是运用安全系统工程的原理，通过对生产过程中的危险程度的辨识、评价、分级，对不同等级的危险源（人、机、环境及管理等）实行安全生产全员、全方位、全过程的预测预防管理方法。在管理思想上，它使安全管理由“事后处理”转轨为“事前预防”，从综合分析评价，实行定点、定人、定职责的承包考核，控制不同级别的危险源。在安全管理，从经验型检查时发现什么整改什么的随机性措施转变为有计划地实施安全技术标准的控制，达到消除或防止不安全状态，实现对车间、企业乃至全市生产中的危险源分级管理及预防预控体系。

（2）危险源定点分级方法

①建立组织机构，开展技术培训。危险源分级控制管理，涉及面广，技术性强，工作量大而责任也大。首先建立定点分级机构，企业由厂长式分管副厂长负责，生产、设备、技术、安全等职能部门代表组成定点分级小组，负责危险源分级的领导组织工作。然后，逐级分别对干部、职工进行危险源分级控制管理培训，达到明确和掌握危险源分级的目的、方法及控制管理措施。

②辨识评价危险形态。危险是一种存在于系统、设备、操作中潜在的可发生或酿成事故的条件或状态。危险形态是危险点的危险因素所具有的“宏观”表现形态。危险形态包括以下“宏观”形态：

a）已发生过伤亡事故或其他事故如急性中毒、窒息、爆炸、火灾、设备等事故；

b）设备陈旧失修，安全度低；

c）作业密集度高；

d）作业场所存在严重的事故隐患；

e）作业区域和环境条件不良；

f）以国内外事故案例比照，容易发生各类事故；

g）按专业人员和作业人员的经验分析判断，具有一定的潜在危险。

企业在培训的基础上，发动群众辨识危险形态，确定危险源。

③划定危险源点

具有危险形态的地点（单机、岗位或局部作业场所）称为危险源点。经过职工辨识的危险源点，定点分级小组要逐一分析是否存在危险形态，凡具有上述七种危险形态中任一形态的地点，即正式划为危险源点。一台单机或一个岗位可能具备几个危险源点，划分时应充分考虑作业情况和人员活动区域，以方便控制管理为前提，一般按作业点、单机、岗位或局部作业区域划点。自成系统的常温常压储罐应单独划点，带压储罐按压力容器管理，附属于设备的容器储罐单独划点。

④危险源分级

根据危险严重程度，将危险源分为四级：

A 级：可能造成多人伤亡或引起火灾、爆炸、设备及厂房设施毁灭性破坏的；

B 级：可能造成死亡或永久性全部丧失劳动能力（终身致残性重伤）或可能造成生产中断（一个班以上）；

C 级：可能造成人员重伤或危及生产暂时性中断（一个班以上）；

D 级：可能造成人员微伤、轻伤，并不造成生产中断。

⑤初审：危险源划点、分级工作实施后，经企业定点分级小组审定，填写分级资料报企业主管部门进行初审。

⑥验收认定、纳入控制网络。验收内容包括：危险源点的确定，危险源的分级，危险源的控制措施。经验合格后，正式纳入市危险源分级控制网络。

8.3 危险源的控制

（1）实行分级责任制。市里控制 A 级危险源点；企业主管部门控制 B 级抢险源点，同时负责 A 级危险源点的控制；企业控制 C 级危险源点，同时负责 A、B、C 级危险源控制、管理。

（2）制定危险源控制措施。危险源控制措施是在危险因素分析的基础上制定的，即运用因果图、危险性预分析、成功树分析等方法，分别分析不安全状态和不安全行为，然后制定控制防范措施，并上报备案，经技术改造后申报销案。

(3)悬挂危险源控制警示牌。危险源控制点在生产现场醒目处均固定悬挂《危险源警示牌》。警示牌均采用黄色为底板色，字体分别以红、黑、绿、蓝色书写；内容包括危险级别、危险形态、控制技术、责任人。

(4)危险源的检查。各企业相应地建立危险源检查制度，明确检查人员和时间，根据检查的结果，填写各项原始记录。市及企业主管部门均分别对 A、B 级危险源组织检查，指导企业落实控制措施。

(5)危险源的信息管理。为便于各级领导和各级安全部门掌握危险源控制管理情况，企业均在内部信息管理的同时，定期向主管部门和劳动安全监察管理部门报告 A、B 级危险源控制及隐患整改信息。

(6)危险源控制管理的考核。企业内部均把危险源控制管理作为安全工作的重要内容纳入考核，制定考核细则，市里将危险源控制管理工作纳入年终评比的重要内容。

8.4 科学界定名词术语

欧盟较好地运用了这一立法技术。这为欧盟从整体上统一环境应急管理的原则和制度提供了支撑。我国的环境法律较缺乏对名词术语的界定或界定不明确，与环境应急管理相关的法律也是如此[6]。名词术语的科学界定不仅仅是立法技术问题，而且也关乎对环境事件的及时定性和对环境事件的响应定位，同时也涉及人们对法的理解和认识，进而言之，甚至关系到法治的建设和发展。名词术语的界定应全面、准确，以保证法律适用的一致性和法律实施的效果。这是我国在进行环境应急管理立法时应当谨记的。

8.5 突出预防并强化全程管理

目前，我国环境保护部门还不能兼顾环境应急管理的各个环节，更多的是停留在突发环境事件的应急处置上。环境保护部门在环境应急管理中尚未切实突出预防，相关机制还不健全，不注重源头控制，更无全程防控和管理的理念，如对危险源排查和管理的力度不够、对风险规划的源头控制不力。近期发生的数起环境事故已印证了这一点。预防是一种积极应对突发环境事件的方式。通过加强对超标排污、污染严重企业的监测和信息的收集与处理，在环境应急实践中突出预防、强化全程管理才能有效防范突发环境事故，使应对突发环境事故采取的应急措施更具针对性和时效性，从而减少环境事故所造成的损失。

8.6 政府职能部门之间的责任与协同合作

只有明晰责任才有可能避免出现责任真空的状况。而要厘清责任，首先要清楚界定中央政府与地方政府之间的责任，其次要清晰界定地方政府之间及政府职能部门之间的责任。2003 年以来，我国相继发生了诸如松花江污染等危害公共安全的重大突发环境事故。究其原因，很大程度是由于在突发公共事件发生之际，政府各职能部门之间缺乏统一协调的应对机制而延误了最佳处理时机，而中央与地方的权责不清、权责不到位也是重要因素之一。其结果就是没有任何一级政府对严重环境事故后果承担责任。这显然不利于政府职能部门和政府官员形成环境风险意识、环境危机和灾害意识、环境责任意识，进而威胁国家和公众的利益。《塞维索指令》对欧盟与成员国之间的统一和协调、对职能部门之间协同合作加以积极推进的做法值得借鉴。我国应当加强各级政府之间的合作以及职能部门间的合作。对于横向合作，法律可做原则性规定，具体内容由地方规章或政府之间的协议设定，更为细节性、可操作性的内容则应体现在应急预案中。政府应当对所属职能部门之间的合作协议进行经常性的指导和检查。推进协同合作的有效途径之一就是建立专门的环境应急管理机构，而目前我国这方面的机构设置极少。因此，国家应统一规划，逐步逐级建立。

8.7 推进环境应急管理中的公众参与

《塞维索指令》极为重视推进公众参与的制度设计及其落实。然而，我国的环境保护政策、法律虽然一直强调公众参与，但相关法律仅仅做了原则性规定而缺乏程序性保障，从而使公众参与环境应急管理时存在制度障碍。在以往发生的环境事故中，公众往往都游离于应急管理之外，极大地影响了对事故的有效应对。因此，在完善我国环境应急管理制度时应对公众参与做出科学、系统的规划和设计。

对此，我国可借鉴《塞维索指令》的做法，加强教育培训，充分公开信息，促使各利益相关方广泛参与，构建科学合理的参与程序。此外，我国还可以引导和发挥社区作为整体在环境应急管理中的作用，引导并鼓励非政府组织依法参与环境应急管理。诺贝尔经济学奖得主、美国经济学家赫伯特·亚·西蒙教授对于不同的团体和组织参与社会公共事务有深刻的认识。他指出，对于那些常规的、重复的社会需要，可以通过建立专业化的团体和组织，使之平等地处理各种问题。因此，我国应充分发挥社区和非政府组织在环境事故应急处理方面的作用，即在完善环境应急管理制度时应对环境应急的培训和宣传教育等内容做出规定。

8.8 加强对土地利用规划的环境影响评价

从土地的自然本性和资源属性看，土地是人类生存和发展的重要物质基础，合理规划土地利用具有十分重要的意义。我国应当加强对土地利用规划的动态评价，并贯穿到规划制定与实施的全过程，以真正体现对土地资源的保护和重视，对土地利用的经济、社会与环境效益的提高。

在我国，土地资源已上升为一种战略资源，然而对土地资源开发利用的战略环境影响评价却仍处于试行阶段，就连《规划环境影响评价条例》的出台也遇到重重的阻碍。其中一个重要原因就是存在基于对土地不合理开发利用所产生的扭曲了的、不可持续的土地经济及其既得利益集团。评价土地利用规划，实际上是要平衡经济发展与土地资源保护之间的紧张关系。我国存在刚性发展需求与土地资源稀缺这一硬性约束。为实现保护土地资源的目标，我国应以保护土地资源为核心，在此基础上合理规划和利用土地，维持和提高土地生产力，并最终实现土地可持续利用的良性循环。

当下我国又一次进入产业规划和发展的关键时期，国家将重化工产业向沿海地区布局。因此，我国更需要重视沿海地区利益相关方对土地利用规划的评价，合理布局重化工产业，以缓和土地资源和生态环境保护与产业发展之间的矛盾。近期我国接连发生的重大环境事故警示我们，各级政府应当认真执行《规划环境影响评价条例》在进行土地利用规划尤其是对化学工业区进行规划时，应切实考虑对重大环境灾害的预防，严格规范和控制政府的土地利用规划行为，以最大限度地减少环境问题对城市居民、郊区居民和农村居民的影响。我国应当确保土地利用规划行为严格遵守《中华人民共和国环境影响评价法》《中华人民共和国城乡规划法》和《规划环境影响评价条例》等相关法律法规。欧盟强调土地规划调控对环境灾害预防功能的做法对我国有很大的借鉴意义。

8.9 改进环境应急预案制度

在我国，制定环境应急预案主要是政府的职责，对企业要求不多。而在欧盟，成员国和企业都有制定应急预案的责任，体现了环境保护是全社会责任的理念。作为国家环境应急管理的综合性规范，我国颁布的《国家突发环境事件应急预案》可操作性不强，如在术语上模糊词语多、不易把握，没有明确执行主体和指挥执行系统，缺乏统一的应急管理机构等。此外，《国家突发环境事件应急预案》对次生、衍生事故的防范规定只是一带而过。我国已有部分地区要求企业制定环境应急预案，但所制定的应急预案往往存在内容粗浅、照抄照搬、缺乏定期更新与定期评估、不对公众公开等问题。一项对 2006 年、2008 年间上海市 120 家企业编制的环境污染事故应急预案进行的评估显示，企业编制的环境污染事故应急预案总体上完备性较差,应急预案中评级为较差的企业有 81 家,所占比例接近 70%。虽然我国也有少数地方企业进行了比较成功的环境应急预案实践,但就整体而言,我国环境应急预案在企业的落实还很不到位，仍然具有很大的完善空间，如可以通过立法规定政府及其主管部门在应急预案中的职责，将企业应急预案的制定、演练和更新制度化并最后形成具有法律约束力的企业义务。

我国在修改《国家突发环境事件应急预案》时需要增强其可操作性，如编制统一的应急预案术语表，设立统一的应急管理机构，明确执行主体和指挥执行系统等。对此，我们可以借鉴欧盟的经验，由主管部门对企业环境应急预案给予指导，加强现场检查与定期检查，增强预案的完备性和有效性。此外，这两种应急预案的编制和检验都应保证公众的有效参与，并定期进行实践检验。

8.10 建立企业安全报告制度

建立该制度是贯彻预防原则，对危险化学物质进行源头控制、全程控制的重要路径。我国可借鉴《塞维索Ⅱ指令》的经验，规定企业应当定期向主管部门提供安全报告，做到一厂一档案。主管部门则应当结合现场检查审查企业安全报告。安全报告审查通过后，企业还应当依据现实状况对安全报告进行更新，主管部门进行定期审查，并将审查结论向公众通报。另外，我国还需要通过立法赋予公众对企业安全报告的监督权。

8.11 完善信息交流和信息公开制度

在信息交流方面，中央政府主管部门应发挥主导作用，建立全国性的环境信息系统，以加强各地之间的信息交流和促进信息的分享，提高应急反应速度。全国性的环境信息系统应该包括危险化学品数据库，并注重数据的分享。无论事前还是事后，有关部门必须随时交换关于灾情的信息，每一次灾害和救助活动的全过程，都会留下真实而详尽的记录和调查资料，以供学者和决策部门研究并吸取教训。除此之外，国家还应完善信息公开制度，并形成政策、制度和法律对信息有效利用的及时反馈机制。

欧盟强调政府及企业的信息公开，并予以落实。我国对信息公开仅规定了信息报告制度，而实际上仅是信息上报。其体现的是只对行政上级负责，而忽视对公众公开信息的责任。事实上，信息上报无法取代信息公开。环境信息公开涉及政府和企业两个主体：一是政府的信息公开。在预防阶段，政府应公开其环境应急预案、土地利用等的环境影响评价报告、应急电话号码、政府掌握的企业环境信息与安全报告的审查结果等；当环境事故发生时，政府应尽可能地向社会通报环境事件的起因、救援、进展等信息。信息发布的及时和透明有助于公众了解事实真相，降低公众的猜疑和抵触情绪，避免群体性事件的发生。政府及时、准确地公开信息更有利于公众、社会团体和组织对环境应急的主动参与，并能达成良好的参与效果，进而降低应急处理成本。因此，法律应当明确规定，在发生环境事故时，政府应承担严格的信息公开义务和责任，并有程序化的问责机制相配套。二是企业的信息公开。目前我国对企业环境信息公开采取的是以鼓励为主、以强制为辅的立法取向。虽然环境保护部发布的《环境信息公开办法（试行）》第19条规定国家鼓励企业自愿公开企业环境信息，但其第20条却又规定应当公开信息的企业为污染物排放超过国家或者地方排放标准，或者污染物排放总量超过地方人民政府核定的排放总量控制指标的污染严重的企业，且公开的信息有限。笔者认为，企业信息公开的立法应贯彻预防原则，以促使企业环境信息公开义务化，并设计出合理的激励机制，促使其自愿公开环境信息。例如，在辽宁省大连市输油管道爆炸所致漏油事故中即存在相关企业信息不透明的问题。因此，当环境紧急事故发生后，企业有责任及时向主管部门、附近居民传递信息、提供紧急防范措施并制作事故报告，有关立法对此应作强制性的规定，并以法律责任作支撑。福建省紫金矿业股份有限公司之所以敢在环境事故发生38天后才公布信息，就是因为目前我国企业不履行信息公开义务的责任成本太低。

英国思想家哈耶克曾高度评价信息的重要作用，并指出了信息传递的制度保障：其一，将信息能否得到充分利用作为判断体制优劣的标准。其二，信息需要制度做支撑。尽可能地使每个人都知道信息就要解决一种传递这种信息的机制，或者说是解决一种制度安排问题。我国环境应急管理制度的完善，有赖于科学的环境信息公开平台以及完备的法律规范体系的构建。

9 塞维索指令与流域生态安全

9.1 概述

欧洲的环境风险应急处置技术涉及的塞维索指令，对于流域生态安全同样具有指导作用，控制环境风险因子对流域水环境的影响可以有效地防控其水环境的污染问题。以流域环境风险为例，选择位于某市境内湖河和周边流域，随着人类活动干扰的加剧，化学品引起的水体污染已经影响了水环境生态系统的健康安全，生物多样性日趋减少、环境调解能力呈现下降趋势，环境风险与生态安全问题已经引起了人们的广泛关注。评价环境风险与生态安全，建立生态系统结构、功能、价值及其生态环境质量为目标的生态安全保护机制，就要对其系统环境风险与生态安全进行判别。而判别需要比对分析、流域生态安全调查与数据挖掘，然后运用塞维索提供的方法学，建立生态安全评价指标体系、标准和稳定性判别方法，进行生态安全指标体系评价，并对其生态安全进行判别。

9.2 流域生态安全基本特征

流域位于某市北部偏东，由三湖一河和周边湿地组成，水域面积达到 53.7 km^2，流域面积达到 902.1 km^2，选取代表性 A 湖作为研究对象。A 湖是自然形成的，形状为长方形，东西长 8 km，南北宽 3.7 km，常年水域面积为 28.6 km^2。A 湖海拔基本低于 50 m，湖底高程为 18.7 m。年平均气温为 16.2℃，年降水量 1 000～1 200 mm，大体上由东南向西、向北减少。年平均径流量变化较大，枯水年天然径流量为 3.601 亿 m^3；特大干旱年天然径流量为 1.873 亿 m^3（图 9-1）。

图 9-1　流域的卫星图

随着经济社会的发展和城镇的扩张，大量乡镇工业废水、生活污水以及农业面源污染物等超标排入湖泊，湖泊及湖周水产养殖的无序过度发展，导致湖泊水质整体上受到有机污染，入湖口水域有机污染严重，主要污染物为总磷、总氮、化学需氧量和生化需氧量。A 湖水质部分监测结果见图 9-2、图 9-3。

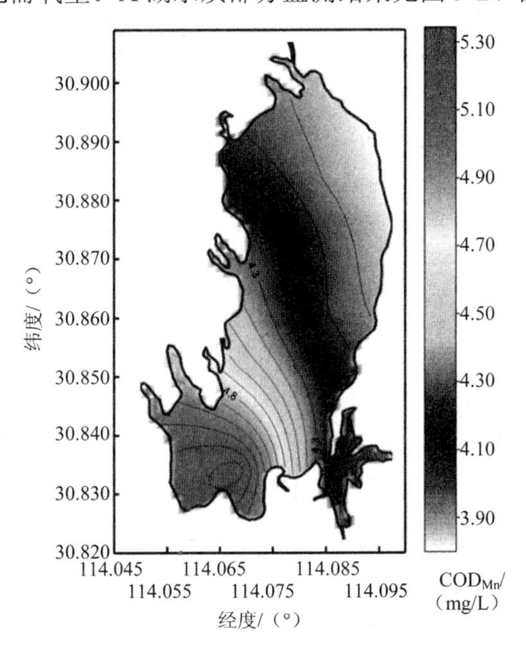

图 9-2　COD_{Mn} 浓度分布图

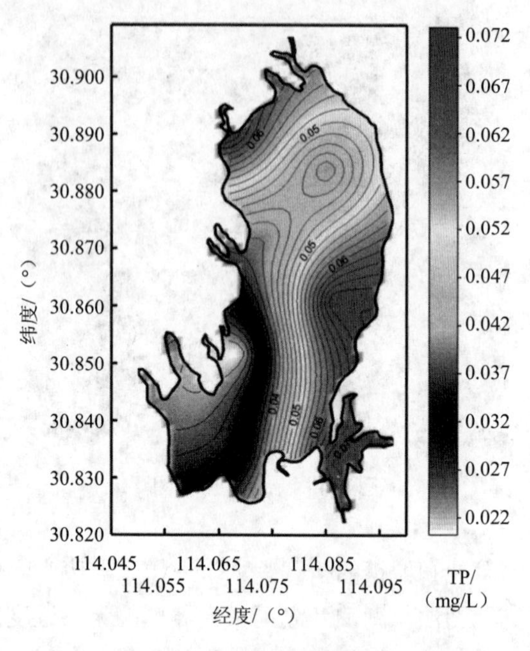

图 9-3 TP 浓度分布图

9.3 流域生态安全判别

9.3.1 环境风险与生态安全判别体系

在生态安全判别体系中，通过对 A 湖生态安全调查与数据挖掘，比对分析现有模型存在的问题（表 9-1），运用生态安全指标体系评价标准和稳定性判别方法，根据湖泊流域生态安全保护目的，设计评价指标体系概念框架，并应用于 A 湖流域生态安全判别。

综合分析以上方法，本书根据指标体系构建的服从性、数据可得性、可操作性、公众化的基本原则，充分研究 A 湖生态功能区内生态系统结构和服务功能的基础上构建本生态安全判别体系的模型框架[13-15]。A 湖生态安全判别体系的模型框架由目标层、准则层和指标层构成。目标层为 A 湖生态安全，该体系由水文指标、水质指标、生物指标、人类健康指标、栖息地指标以及社会经济指标六个指标组成，每个子系统由若干个指标构成。这些指标基本上为可数据化指标[16, 17]。由以上各级指标组合构成本生态安全判别体系的框架如图 9-4 所示。

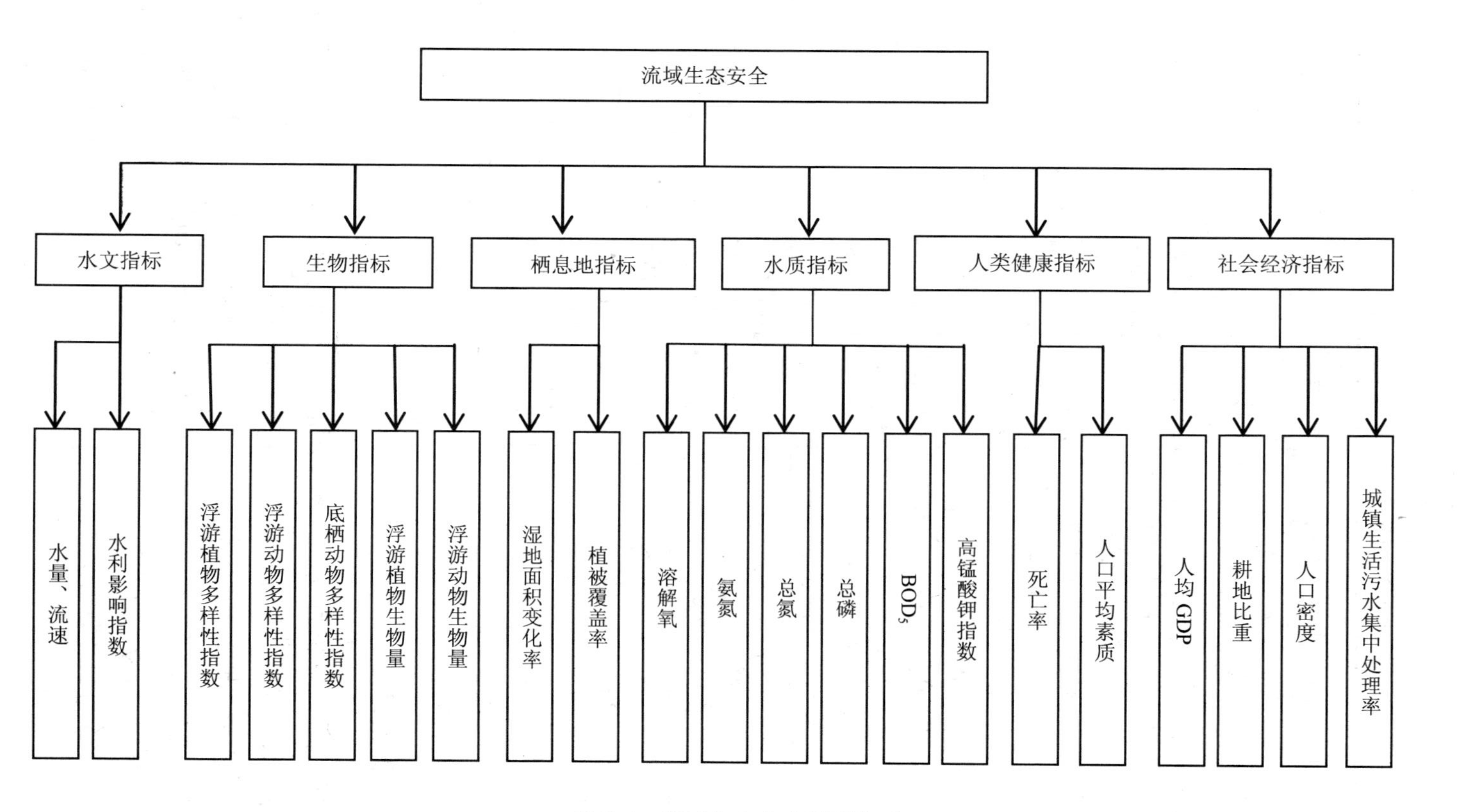

图 9-4 流域生态安全判别体系

表 9-1 生态安全评价指标体系

概念模型	指标体系	研究内容	评述	研究者
PSR	压力（人口密度、人均耕地等）、状态（森林覆盖率、BOD_5、文盲和半文盲人数比等）、响应（人均 GDP 等）	福建山仔水库生态安全	不能把握系统的结构，指标的选择带有主观性	郭树宏[9]
DSR	生态安全驱动力（人均耕地面积、人均 GDP、人口自然增长率等）、生态安全状态（水域面积率等）、生态安全响应（生活污水处理率等）	淮河流域生态安全	指标量化是一个难点，选取水资源相关的指标不足	谈迎新[10]
DPSIR	驱动力（人均 GDP、人口密度等）、压力（单位面积 COD、TN、TP 入库负荷等）、状态（生物多样性指数等）、响应（水华发生频率等）、风险（化工企业事故风险等）	丹江口库区生态安全	对人类健康考虑不全面，没有具体分析影响丹江口库区生态安全的指标	王玲玲[11]
溪流状态指数 ISC 方法	水文、河流物理形态、岸边带、水质和水域生物	澳大利亚河流生态系统健康	对社会经济和人类健康对河流的影响考虑不全面	Parsons[12]
DPSIR 模型基础上，提出的“4+1”评估体系	社会经济影响、生态健康、生态服务功能、生态灾变 4 类单项评估加 1 类生态安全综合评估	湖泊生态安全评估	采用的 5 坐标雷达图描述的 4 项指标是包含在生态安全综合评估指标中	江河湖泊生态环境保护技术组

9.3.2 判别标准选择

根据当前 A 湖的实际情况，结合历史资料、实地考察、多区域河流对比分析法，并借鉴国家标准与相关研究成果，建立 A 湖各指标的评价标准。

在本生态安全评价实例中，对于每项指标，评价标准分为 5 个级别，按不同的取值范围将其分为一级、二级、三级、四级、五级 5 个级别，每个级别赋予不同分值[18]，分别为 1、0.8、0.6、0.4、0.2，以便对 A 湖生态安全综合评价进行打分。A 湖生态安全评价指标等级体系见表 9-2。

水质指标标准采用《地表水环境质量标准》（GB 3838—2002）。

表 9-2 A 湖生态安全评价指标等级体系

准则层	指标层	一级	二级	三级	四级	五级
水文指标	流速/（m/s）	>0.15	0.15～0.1	0.1～0.05	0.05～0.02	<0.02
	水量（水面覆盖河岸率）/%	>90	90～75	75～50	50～25	<25
	水利影响指数（年）	<2.5	2.5～10	10～15	15～20	>20
生物指标	浮游植物多样性指数（量纲一）	>3	3～2	2～1.5	1.5～1	<1
	浮游动物多样性指数（量纲一）	>3	3～2	2～1.5	1.5～1	<1
	底栖动物多样性指数（量纲一）	>3.5	3.5～2.5	2.5～2	2.0～1.0	<1.0
	浮游植物生物量/（mg/L）	<1.0	1.0～3.0	3.0～5.0	5.0～10.0	>10.0
	浮游动物生物量/（mg/L）	<1.0	1.0～2.0	2.0～3.5	3.5～8.0	>8.0
栖息地指标	湿地面积变化率/%	>90	90～80	80～60	60～40	<40
	植被覆盖率/%	>30	30～25	25～20	20～15	<15
水质指标	溶解氧/（mg/L）	>7.5	7.5～6	6～5	5～3	<3
	氨氮/（mg/L）	<0.15	0.15～0.5	0.5～1.0	1.0～1.5	>1.5
	总磷/（mg/L）	<0.01	0.01～0.025	0.025～0.05	0.05～0.1	>0.1
	总氮/（mg/L）	<0.2	0.2～0.5	0.5～1.0	1.0～1.5	>1.5
	五日生化需氧量/（mg/L）	<3	3	3～4	4～6	>6
	高锰酸钾指数/（mg/L）	<2	2～4	4～6	6～10	>10
人类健康指标	人口死亡率/‰	<7	7～10	10～14	14～17	>20
	人口素质（高中以上文化程度比例）/%	>50	50～40	40～20	20～10	<10
社会经济指标	人均 GDP/（元/人）	>12 000	12 000～9 000	9 000～7 000	7 000～4 000	<4 000
	人口密度/（人/km^2）	<200	200～400	400～600	600～800	>800
	耕地比重/%	>30	30～20	20～15	15～10	<10
	城镇生活污水集中处理率/%	>0.9	0.9～0.7	0.7～0.5	0.5～0.3	<0.3

9.3.3 判别权重与其确定

评价指标的权重决定了各个评价指标对流域生态安全状况的贡献大小，直接影响评价的结果。在综合考虑层次分析法、神经网络法、因子分析法、实证权重法和非模糊矩阵判断法时，选择非模糊数矩阵法[19, 20]确定权重。

本书采用非模糊数矩阵法，首先，邀请 3 位专家构造模糊判断矩阵，专家通过三角模糊数的形式对准则层下的指标进行两两打分；其次，进行单准则下的模糊判断矩阵一致性检验并求出对应的权重向量；最后计算因素对于准则层的层次排序权重，得到指标层对于准则层的总排序，并将权重向量归一化，得到各个指标层的权重。

（1）构建模糊判断矩阵

邀请 d 位专家分别通过三角模糊数的形式进行打分，根据专家两两比较打分结果确定因素模糊判断矩阵 S_t，t=1，2，…，d。

$$S_t = \left[s_{ij}^t \right]_{n \times n}, t = 1,2,\cdots,d; i,j = 1,2,\cdots,n \tag{9-1}$$

$$s_{ij}^t = (l_{ij}^t, m_{ij}^t, v_{ij}^t), t = 1,2,\cdots,d; i,j = 1,2,\cdots,n \tag{9-2}$$

式中：s_{ij}^t 为第 t 位专家给定的每一个准则层下指标层的指标 C_i 相对 C_j 重要度的倍数，用三角模糊数[20]来描述；l_{ij}^t 和 v_{ij}^t 分别为第 t 位专家给定的每一个准则层下指标层的指标 C_i 相对 C_j 重要度的倍数的下限和上限，m_{ij}^t 为专家给定的重要度倍数的最可能值。

综合 d 位专家的意见得到判断矩阵 S，根据公式

$$S = \frac{1}{d}\sum_{t=1}^{d} S_t = [s_{ij}]_{n \times n} = \left[\frac{1}{d}(s_{ij}^1 + s_{ij}^2 + \cdots + s_{ij}^d) \right]_{n \times n} \tag{9-3}$$

S_{ij} 为求得的综合三角模糊数，由此得出综合判断矩阵。

进行单准则下的模糊判断矩阵一致性检验并求出对应的权重向量。那么因素判断矩阵的权重求解公式为：

$$T_k = \sum_{j=1}^{n} s_{ij} \cdot \left(\sum_{i=1}^{n}\sum_{j=1}^{n} s_{ij} \right)^{-1} \tag{9-4}$$

$$T_k = \left(\frac{\sum_{j=1}^{n} l_{ij}}{\sum_{i=1}^{n}\sum_{j=1}^{n} v_{ij}}, \frac{\sum_{j=1}^{n} m_{ij}}{\sum_{i=1}^{n}\sum_{j=1}^{n} m_{ij}}, \frac{\sum_{j=1}^{n} v_{ij}}{\sum_{i=1}^{n}\sum_{j=1}^{n} l_{ij}} \right) \tag{9-5}$$

T_k 为局部因素权重，可以得出局部因素权重向量 T=[T_1, T_2, …, T_n]。

（2）层次排序及总排序[8]

定义三角模糊数 $T_1 \geqslant T_2$ 的可能性程度如下：

$$V(T_1 \geqslant T_2) = \sup_{u_1 \geqslant u_2} \left\{ \min \left[u_{T_1}(u_1), u_{T_2}(u_2) \right] \right\} \tag{9-6}$$

依据不同的 $u_{T_1}(u_1)$ 和 $u_{T_2}(u_2)$ 进一步可得：

$$V(T_1 \geqslant T_2) = \begin{cases} 1, m_1 \geqslant m_2 \\ \dfrac{l_2 - v_1}{(m_1 - v_1) - (m_2 - v_2)}, \quad m_1 \leqslant m_2, \quad v_1 \geqslant l_2 \\ 0, \text{其他} \end{cases} \tag{9-7}$$

式中，$u_{T_1}(u_1)$ 为三角模糊数 T_1 在取值为 u_1 时的隶属函数；$u_{T_2}(u_2)$ 为三角模糊数 T_2 在取值为 u_2 时的隶属函数；$u_1 \in R$，$u_2 \in R$。

对各模糊判断矩阵，计算其同一层次的第 i 个元素 C_i 重要于其他各元素的可能性程度：

$$V_i = \min_{i=1,2,\cdots,N} \left[V(T \geqslant T_i) \right] \tag{9-8}$$

由此得到准则层下的指标层的权重向量 p，$p=[V_1, V_2, \cdots, V_n]$。

（3）权重向量归一化

$$\boldsymbol{w} = \left[\frac{V_1}{\sum_{i=1}^{n} V_i}, \frac{V_2}{\sum_{i=1}^{n} V_i}, \cdots, \frac{V_n}{\sum_{i=1}^{n} V_i} \right] \tag{9-9}$$

将得到的可能度进行标准化，得到各指标的标准化权重。

利用上面式（9-1）～式（9-9），使用 MATLAB 7.1 编程计算，得到水文指标、生物指标、栖息地指标、水质指标、人类健康指标和社会经济指标的因素单排序权重，将其归一化，得到指标层相对于各个准则层的权重。

- 水文指标的因素权重为 w_1=[0.314 3，0.575 1，0.110 6]。
- 生物指标的因素权重为 w_2=[0.088 6，0.090 3，0.040 3，0.276 4，0.504 4]。
- 栖息地指标的因素权重为 w_3= [0.596 6，0.403 4]。

- 水质指标的因素权重为 w_4= [0.036 0，0.194 6，0.282 0，0.266 6，0.104 2，0.116 0]。
- 人类健康指标的因素权重为 w_5= [0.331 6，0.668 4]。
- 社会经济指标的因素权重为 w_6=[0.167 7，0.154 5，0.349 5，0.328 3]。

在指标层中，浮游植物生物量、浮游动物生物量在“生物指标”准则层所占比重较大，人口素质在“人类健康指标”准则层中所占比重较大，耕地比重、城镇生活污水集中处理率在“社会经济指标”准则层中所占比重较大，权重均超过0.3。

而在天津景观水体水生生态系统健康体系的建立与评估[21]中，其水文指标下的因素权重排序为：流速＞水量；水质指标下的因素权重排序为：总氮＞化学需氧量＞总磷＞高锰酸钾指数。本书中水文指标下的因素权重排序为：水量＞流速，A 湖是天然湖泊，水量的变化更能直接影响湖泊的生态变化，流速均一。而水质指标中总磷、总氮的影响最大，调查中 A 湖的主要的污染物是总磷、总氮、高锰酸钾指数。

9.3.4 A 湖生态安全状态判别

A 湖生态安全状况的评分过程分为三步：①指标层指标评分，依据各指标的评价标准进行评分，获得各二级指标值（每个二级指标值得分均在 0～1）；②准则层指标评分利用加权平均法对二级指标进行计算，所得的结果作为准则层指标的得分；③A 湖生态安全评分，采用多边形指数方法进行计算[22-25]，获得生态安全多边形指数，并将该指标划分为 5 个等级，分别对应 A 湖生态安全的不同状况（表 9-3）。

表 9-3 A 湖生态安全分级标准

等级	指标范围	生态安全状态及特征
一级	（0.8，1]	很安全
二级	（0.6，0.8]	安全
三级	（0.4，0.6]	一般安全
四级	（0.2，0.4]	不安全
五级	（0，0.2]	很不安全

本书选择准则层 6 个评价指标（水文、生物、栖息地、水质、人类健康、社会经济），则可构成如图 9-5 所示的正六边形，图中 K_1、K_2、K_3、K_4、K_5、K_6 分别代表两个指标之间构成的三角形。

$$I_{\text{index}}=\frac{1}{S}\sum_{i=1}^{6}S_{A_i}=\frac{1}{S}(S_{A_1}+S_{A_2}+S_{A_3}+S_{A_4}+S_{A_5}+S_{A_6}) \tag{9-10}$$

式中：I_{index} 为生态安全多边形指数；S 为正六边形面积；S_{A_i} 为第 i 个三角形面积。

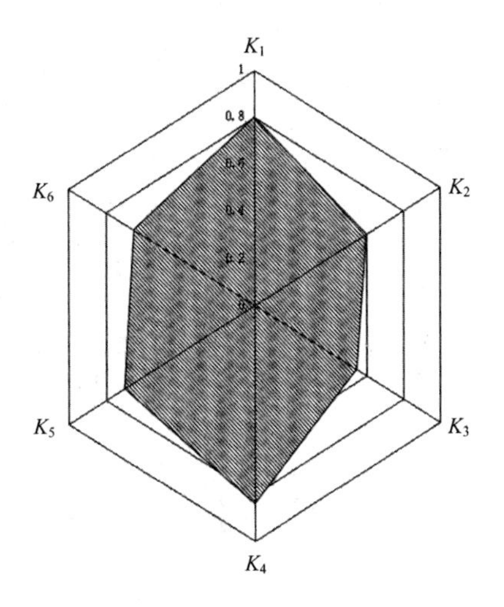

图 9-5 多边形指数示意图

9.4 生态安全状态判别与结果分析

9.4.1 多边形生态安全状态判别结果分析

评价所涉及的初始数据来源于湖北省孝感市 A 湖生态调查和生态安全评估报告，利用前述生态安全判别体系，对 A 湖进行生态安全判别研究，结果见表 9-4、图 9-6 和图 9-7。

表 9-4 A 湖生态安全判别结果

准则层	指标层	数据	权重	评价等级	评分
水文指标	流速	0.12	0.314 3	二级	0.7
	水量	96	0.575 1	一级	0.8
	水利影响指数	1.5	0.110 6	一级	0.8
生物指标	浮游植物多样性指数	2.5	0.088 6	二级	0.7
	浮游动物多样性指数	1.95	0.090 3	三级	0.5
	底栖动物多样性指数	1.53	0.040 3	四级	0.3
	浮游植物生物量	4.20	0.276 4	三级	0.5
	浮游动物生物量	2.32	0.504 4	三级	0.5
栖息地指标	湿地面积变化率	92	0.596 6	一级	0.8
	植被覆盖率	34	0.403 4	一级	0.8
水质指标	溶解氧	6.52	0.036 0	二级	0.7
	氨氮	0.05	0.194 6	一级	0.8
	总磷	0.05	0.282 0	三级	0.4
	总氮	0.16	0.266 6	一级	0.8
	五日生化需氧量	2.67	0.104 2	一级	0.8
	高锰酸钾指数	4.31	0.116 6	三级	0.5
人类健康指标	人口死亡率	9.3	0.331 6	二级	0.6
	人口素质（高中以上文化程度比例）	21.28	0.668 4	三级	0.5
社会经济指标	人均 GDP	16 200	0.167 7	一级	0.8
	人口密度	254.9	0.154 5	二级	0.7
	耕地比重	23.24	0.349 5	二级	0.6
	城镇生活污水集中处理率	64.54	0.328 3	三级	0.5

A 湖多边形指数生态安全判别（图 9-6 为其中一种准则层排列组合，组合排列形式为：水文指标、生物指标、栖息地指标、水质指标、人类健康指标、社会经济指标），见图 9-6。

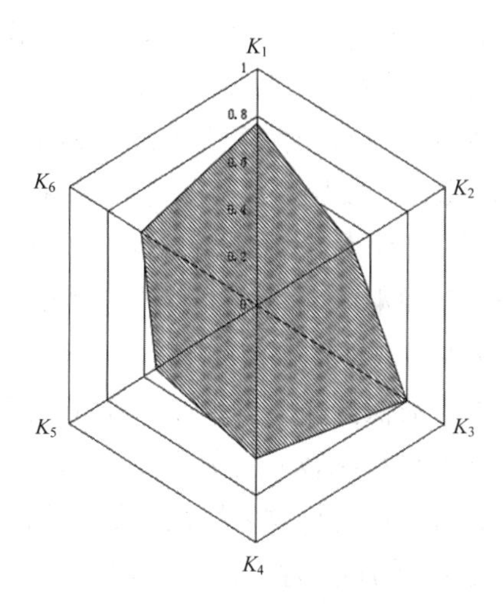

图 9-6 A 湖多边形指数生态安全判别

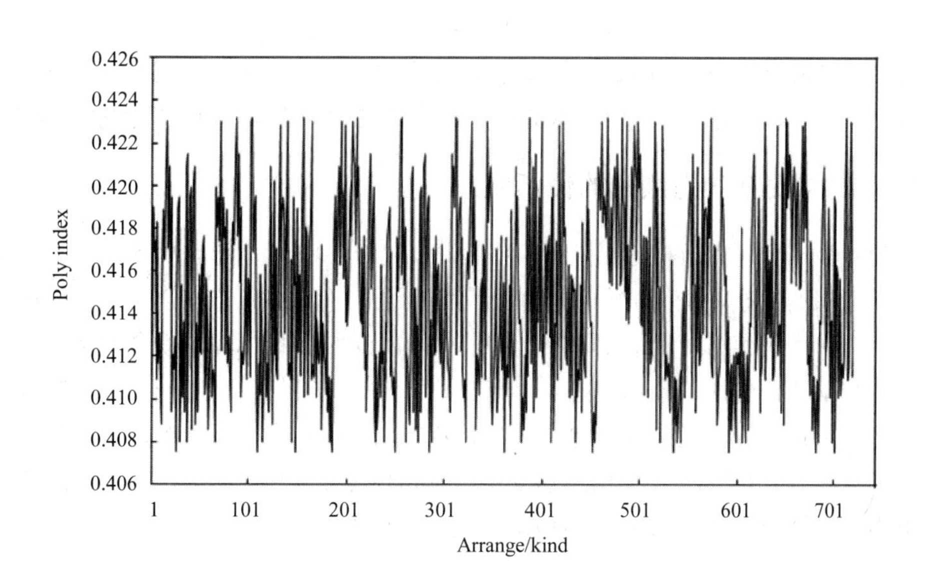

图 9-7 各种指标排列下的多边形指数

由图 9-7 可知，6 个指标排列下的排列可能性有 720 种，在不同排列组合下时，生态安全多边形指数的大小也有多种可能性，其值的范围在 0.407 5～0.423 2，其平均值为 0.415 0，说明 A 湖生态安全处于临界安全状态。

由表 9-5 和图 9-6 可知，水文指数为 0.768 6，表明水文情况良好，为安全状态。采用流速、水量、水利工程干扰 3 个主要指标反映水文状况，A 湖流速为 0.12 m/s，水位基本覆盖两岸，仅有少量底质裸露。A 湖是自然河道，水利工程对 A 湖影响很小。但随着城市化的发展，A 湖流速和水量也在慢慢降低，人工设施的干扰在不断增强，A 湖附近水利工程的建设，在一定程度上影响了水文指数。

水质指数为 0.648 6，表明水体理化性质处于一般安全。总磷评价分值为 0.4，安全状况为三级，高锰酸钾指数评价分值为 0.5，安全状况为三级，说明 A 湖水质情况一般，目前 A 湖的水质保持在三类水体，但有逐渐恶化趋势，总磷和高锰酸钾指数是导致 A 湖生态安全状态较低的主要因子。

生物指数为 0.509 7，采用浮游植物多样性指数、浮游动物多样性指数、底栖动物多样性指数、浮游植物生物量、浮游动物生物量 5 个指标反映 A 湖生物多样性。经过长期调查，浮游动物多样性指数、浮游植物生物量、浮游动物生物量评价分值均在 0.5，安全状况为三级，特别是底栖动物多样性安全状况为四级，生物多样性单一，处于不安全状态，生态环境状况不容乐观。

社会经济指数为 0.616 2，其中城镇生活污水集中处理率评价分值为 0.5，安全状况为三级，目前孝感市的污水处理厂还在建设中，没有集中处理污水的设施。

9.4.2 生态安全状态判别的体系验证

为了验证本研究所构建模型的可靠性，选取 DPSIR 模型进行对比。DPSIR 模型是江河湖泊生态环境保护专项技术指南系列之一“湖泊生态安全调查与评估技术指南”中指定使用的湖泊生态安全评估模型，DPSIR 指标体系概念模型、层次分析综合指数评价法、湖泊生态安全指数法（ESI）三者有机结合，采用 5 坐标的雷达图来描述湖泊生态安全状态。在此基础上，根据本书所选指标，添加压力指标，构建基于 DPSIR 模型的生态安全评价指标体系，采用非模糊矩阵方法和多边形指数判别方法计算 A 湖的多边形指数，结果见表 9-5。

表 9-5 基于 DPSIR 模型的 A 湖生态安全判别结果

准则层	驱动力	压力	状态	影响	风险
指标数	6	3	11	3	3
计算结果	0.731 4	0.543 0	0.613 9	0.766 0	0.524 8

生态安全多边形指数值的范围在 0.407 5～0.423 2，其平均值为 0.415 0，表明 A 湖的生态系统处于临界安全状态。

9.5 多参数湖泊多边形生态安全指数判别结语

（1）本章构建的多参数 A 湖多边形指数生态安全判别体系在基于 DPSIR 模型建立的体系验证过程中，两者得到的结果基本相同，A 湖的生态系统处于临界安全状态。

（2）通过对 A 湖进行生态安全评价，采用三角模糊数确定其评价权重，得到了较为客观的指标权重，而且多边形指数生态安全判别方法能够很好地描述 A 湖的生态安全状态。

（3）A 湖生态安全多边形指数最大值为 0.423 2，最小值为 0.407 5，生态安全综合指数平均值为 0.415 0。通过分析，生态安全多边形指数的平均值是最能反映 A 湖的生态系统状态。

附录 1：塞维索Ⅰ指令（略）

附录 2：

欧洲议会和理事会立法

塞维索Ⅱ指令[96/82/EC]

条　款

第二十四条 实施

第二十五条 生效日期

第二十六条 略

1996年12月9日

理事会第96/82/EC号指令

关于涉及危险物质的重大伤害事故的控制

欧盟理事会，

尊重欧共体成立条约，尤其是《条约》中第130s[1]条，

尊重委员会[1]提出的议案，

尊重欧洲经济社会委员会[2]持有的观点，

遵照《条约[3]》第189c条所规定的程序，

鉴于理事会1982年6月24日82/501/EEC指令中做出的关于某些工业活动[4]中的重大伤害事故的讨论，涉及对某些工业活动中的重大伤害事故的预防以及遏制其不良后果对人类和环境所造成的危害；

鉴于委员会环境政策制定的目标和原则，《条约》中第130s[1, 2]规定，欧共体制定的面向环境的行为方案[5]这三点，我们的目标主要是通过预防行动维持和保护环境质量，保护人类健康；

鉴于理事会和成员国政府代表在这次理事会上讨论之后的决议涉及第四次环境行为方案[6]，并且重点强调要更有效地执行82/501/EEC指令的需要，而且在必要的情况下，需要重新修订《指令》以确保指令内容尽可能地扩大其覆盖面，使成员国能在这个问题上更好地交流信息；鉴于理事会及其成员国政府代表在1993年2月1日的决议[7]中已经肯定了第五次行动方案的总体方略，同时提出加强风险—事故管理能力；

博帕尔和墨西哥城的事故已经表明，危险区域和住宅区紧邻会发生危害事故。鉴于以上事例，1989年10月16日的理事会决议呼吁委员会将涉及控制土地使用计划的方案添加到82/S01/EEC指令条款之中，这些方案将适用于新的设备安装已获得授权并且城市化规模已发展到现有的设备周边；

鉴于以上所述的理事会决议要求委员会与成员国通力合作以达到更深层次的互相理解，以及达到国家安全报告原则和实践方面的和谐一致；

鉴于储存从不同的重大危险事故控制方法中获得的经验教训的需要；鉴于委员会及其成员

国应该与相关国际组织建立发展友好合作关系，并且努力制定与本指令中所规定条款平等的适用于第三世界国家的战略方法；

鉴于《联合国欧洲经济委员会工业事故的跨国效应公约》提供了一些针对可能会导致跨国效应以及涉及本领域国际合作的工业事故的预防措施、前提准备和应对方式；

鉴于 82/501/EEC 指令规定了一致化过程中的初次阶段；鉴于确保共同体范围内保证持续有效更高水平的保护的目的，上述指令应该加以修订补充；鉴于现有的一致化水平限制了更有效地建立对有广泛影响力的重大事故的预防体系和限制其不良后果所需要方法的使用；

鉴于重大事故很可能产生跨国不良后果；鉴于不仅是受到影响的企业，相关的成员国也要负担每项事故的生态和经济成本；鉴于为确保共同体范围内更高水平的保护而采取相应措施的必要性；

鉴于本指令所规定的条款在工作健康和安全方面必须毫无差异地符合共同体条例；

鉴于使用一系列详细说明的装置而拒绝使用其他拥有相同危害装置的操作并不可取，而且很可能会导致一些重大事故的潜在隐患不被监管；鉴于 82/501/EEC 指令必须得到修改以使其条款适用于所有危险物质以足够大的数量存在并可能会导致重大危险事故的企业；

鉴于尊重《条约》，遵守相关的共同体法律，成员国可以维持或者采用适当的措施管理本指令没有涉及的与交通运输活动相关的港口、码头以及编组站，以确保这些地区的安全水平达到那些本指令所规定的安全水平；

鉴于危险物质通过管道外泄也可能会造成重大事故；鉴于委员会在收集评估关于共同体内现存的规定此类活动和相关事故发生记录的机制的信息之后，应该准备开展沟通以解决此类事例，并且如有必要，制定最合适的有效地方法；

鉴于尊重《条约》，遵守相关的共同体法律，成员国可以维持或者采取措施治理本指令规定范围以外的垃圾废物；

鉴于共同体报告中所做出的对重大事故的分析指出大多数事故是由管理不当或者组织失误造成的；鉴于因此而来的制定共同体所要求水平的管理系统基本原则的必要性，这些原则必须适用于预防和控制重大危害事故，并限制其不良后果；

鉴于主管当局对企业检查安排上的差异会导致保护水平上的参差不齐；鉴于制定共同体所要求水平的各个成员国必须予以遵守的检查体系主要要求的必要性；

鉴于为了表明所有必须用于预防重大事故，准备应急计划和应对方略的事项均已办妥，危险物质以足够大量的数量存在的企业的操作员应该向主管当局以包括企业、现存危险物质、装置和仓储设施、可能发生的重大事故和准备采用的管理体系等详细信息的安全报告的形式提供相关信息，以预防并减少重大事故危险系数，确保降低其不良后果的必要措施顺利执行；

鉴于紧邻而建的企业会增加重大事故发生的概率和可能性，或者会加重重大事故的后果，因此为了降低多米诺效应的风险，这些企业应该及时交流适当的信息，并且在公共信息交流方面展开合作；

鉴于促进关于环境方面的信息的享用的目的，公众应该可以阅读到由操作员编制的安全报告，而且应告知有可能会被重大伤害事故伤害到的人员足够信息，提醒他们在发生事故时应采取正确方法；

鉴于在紧急情况下提供信息的目的，拥有足够大量危险物质的企业必须建立外部和内部相结合的紧急方案，创建相关机制确保这些方案通过测试和必要修改，在重大事故发生或者将要发生的实际得到有效执行；

鉴于内部紧急方案必须收集企业员工的意见，外部紧急方案必须收集公众的意见；

鉴于为更好地保护居民区、人员较多公共区域和具有特殊自然意义和敏感度的区域，成员国需要制定土地使用和/或其他相关的政策，高度考虑这些区域的保护需要，并在较长时期内，使这些区域和拥有危险物质的企业保持适当的距离，并且在相关现有的企业区域内，考虑使用额外的技术措施确保对人员造成的危害不会提高；

鉴于确保在发生重大事故的时候能够采取足够的应对方略，操作者必须立即告知主管当局，并且沟通必要信息以协助主管当局评估该事故的影响力；

鉴于提供相关信息交流以及预防具有相似性质的重大事故的再次发生，成员国应该向委员会提交在其国土范围内发生的重大事故的信息，借此委员会可以分析涉及的重大伤害事故，操作相关信息传播系统，尤其是关于重大事故及其经验教训；鉴于此信息交流应该涵盖成员国认为在预防重大事故及限制其不良影响中具有特殊技术意义的“类似差错”。

此指令已被采用。

第一条

目的

本指令的目的在于：预防危险品重大事故，并减轻其对人和环境造成的危害，以确保欧共体内始终如一地坚持高效、高水平的预防措施。

第二条

适用范围

1. 除第九、十一、十三条外，本指令适用于危险物质存在量达到或超过附录一中第一、二部分第二栏中所列的属危险品区范围的量。第九、十一、十三条适用于危险物质存在量达到或超过附录一中第一、二部分第三栏中所列的属危险品区范围的量。

本协议中，“危险物质存在量”是指在危险品区，达到或超过附录一中第一、二部分中所规定的最低致害量的危险物质实际存在的或可预见的量，或由于某一工业化学程序失控可能产生的达到或超过附录一中第一、第二部分中所规定的最低致害量的危险物质的量。

2. 本指令应不违背共同体关于工作环境的各条款，尤其是不违背 1989 年 6 月 12 日颁布的关于采取措施鼓励改善员工的工作安全和健康的第 89/391/EEC 号理事会指令。

第三条

定义

在本指令中：

1. “危险品区”（establishment）应指一个或多个装备中危险物质出现且在执业者控制范围内的整个区域，包括公用的或相关的基础设施或活动区。

2. “装备”（installation）应指在危险品区用于产生、使用、处理或存储危险物质的单位技术工具。

3. “执业者”（operator）应指操作或控制某个危险品区或装备的任何个人或机构，或者国家法律赋予其在此技术操作上以经济决策权的个人或机构。

4. “危险物质”（dangerous substance）应指原材料、成品、副产品、残留物、半成品中含有的符合附录一的第一部分所列或满足附录一的第二部分所列标准的物质、混合物或制剂，包括因事故而可能产生的物质。

5. “重大事故”（major accident）应指本指令管辖的任何危险品区在运行过程中出现无法控制的事态，从而导致的重大放射、火灾或爆炸事件，这些事件引起一种或多种危险物质的出现，会对危险品区内外的人体健康和/或环境造成即期或长期的严重危害。

6. “危害”（hazard）应指某种危险物质或客观环境的内在属性，会对人体健康和/或环境构成潜在损害。

7. “风险”（risk）指在特定时期或特定情况下产生特定后果的可能性。

8. “存储”（storage）应指用于仓储、保管或用作库存的一定量的危险物质的存在状态。

第四条

例外条款

本指令适用范围不包括：

a. 军用的危险品区、设备或存储设施；

b. 电离辐射造成的危害；

c. 在本指令规定的危险品区外进行的，采用公路、铁路、内河、远洋或航空运方式进行的危险物质的运输和临时存储，包括在港口、码头或调车场进行的、从一种运输方式转换到另一种运输方式时危险物质的装卸和运输；

d. 在本指令规定的危险品区外进行的存放于扬水站或管道的危险物质的运输；

e. 采掘工业在矿山和采石场进行的矿物发掘、开采或钻孔等活动；

f. 垃圾填埋场。

第五条

执业者的一般义务

1. 各成员国应保证执业者履行采取一切必要措施防止重大事故的发生，并尽可能减轻其对人体和环境造成的危害的义务。

2. 各成员国应保证要求执业者随时——尤其是为进行安全检查或指挥（见第十八条）时——向第十六条中涉及的主管部门（以下称为“主管部门”）提供证明，证明其已采取本指令所规定的一切必要措施。

第六条

通告

1. 各成员国应要求执业者在下列规定期限内向主管部门发出通告：

a）对于新建的危险品区，应在开始建设或运营前合理的时间段内发出通告；

b）对于现存的危险品区，应在自第二十四条第一款规定的日期起一年内发出通告。

2. 本条第一款中所要求的通告应包含以下细节：

a）执业者的姓名或商标名和所涉及的危险品区的详细地址；

b）执业者所注册的营业场所的详细地址；

c）若（a）项中的执业者与危险品区负责人非同一人，提供危险品区负责人的姓名或职位；

d）可用于鉴定危险物质或所涉其他物质的种类的足够信息；

e）危险物质或所涉其他物质的量和物质形态；

f）装备或存储设施的用途或推荐用途；

g）危险品区的周边环境（可引起重大事故或加剧事故后果的因素）。

3. 对于现存的危险品区，由于其执业者在本指令生效之日，已按法律要求向主管部门提交了本条第二款中所要求的全部信息，无须再提交本条第一款所要求提交的通告。

4. 若发生以下情形，执业者应立即通知主管部门情况的变化：

a）执业者按照本条第二款的规定提交的通告中的危险物质的量出现明显增加或危险物质的物质形态发生明显改变，或是对其使用流程的任何变化，或

b）终止使用装备。

第七条

重大事故预防政策

1. 各成员国应要求执业者起草关于重大事故预防政策的文件，并确保其正确实施。执业者制定的重大事故预防政策应包括采用恰当的方法、结构和管理体系，以保证其对人和环境的保护上达到一个高水平。

2. 文件的制定应考虑附件Ⅲ总所包含的原则。根据本指令第五条第二款和第十八条的规定，该文件应提交主管部门。

3. 本条的适用范围不包括第九条中所列的危险品区。

第八条

多米诺效应

1. 各成员国应保证主管部门利用执业者根据第六条和第九条提供的信息，鉴定出能导致当地或临近地区重大事故发生的可能性加大或后果加重的某些危险品区或危险品区群组，以及区内危险物质的存量。

2. 对于鉴定出的危险品区，各成员国必须保证：

a）以恰当的方式交换合适的信息，以使这些危险品区在其重大事故预防政策、安全管理系统、安全生产报告及内部应急预案中考虑到重大事故的性质和总体危害程度；

b）制定在通知公众和向主管部门提供信息以制定外部应急预案时的协作条款。

第九条

安全生产报告

1. 各成员国应要求执业者发布安全生产报告，以：

a）证明已按照附件Ⅲ要求执行重大事故预防政策和为实施该政策而设立的安全管理体系；

b）证明重大事故造成的危害已被明确，并已采取必要措施预防此类事故和控制事故对人和环境造成的危害；

c）证明导致危险品区内重大事故危害的任何装备、存储设施、设备及与危险品区运行相关的基础设施在其设计、建设、运作和维护中都是安全可靠的；

d）证明已起草内部应急预案，提供有助于起草外部应急预案的信息，以在重大事故发生时采取必要措施；

e）向主管部门提供足够信息，以决定新建危险品区或扩建现存危险品区的位置。

2. 安全生产报告应至少包含附件Ⅱ所列的数据和信息，还应包括危险品区内危险物质的最新存量。

根据本条款，在满足本条款全部要求的情况下，可将各份安全生产报告，或报告的一部分，或其他法律要求的类似报告整合成一份安全生产报告，这种报告避免了不必要的信息重复和执业者或主管部门的重复工作。

3. 本条第一款要求发布的安全生产报告应在以下时限内送交主管部门：

a）对于新建的危险品区，应在开始建设或运营前合理的时间段内送交，

b）对不受第 82/501/EEC 号指令约束的现存危险品区，应在本指令第二十四条第一款规定的日期起三年内送交，

c）对于其他的危险品区，应在本指令第二十四条第一款规定的日期起两年内送交，

e）遇到定期审查（见本条第五款）的情况时，应立即送交。

4. 在执业者开始建设或运行危险品区之前或在本条第三款第二、三、四项中所列情况下，主管部门应在收到报告后的合理时间段内：

a）如有必要，在执业者要求知晓进一步信息后，告知执业者对安全生产报告检验的结论，或

b）按照本指令第十七条规定的权限和程序，对报告中的危险品区做出禁止投入使用或继续使用的决定。

5. 对安全生产报告的定期检验和必要地更新应：

a）至少每五年一次，

b）在出现新情况或考虑到关于安全防范的新技术知识（这些知识来源于对事故或更远一点的相近差错的分析）和危害评定知识的进步时，由执业者自愿或应主管部门的要求随时检验并更新。

6.

a）若经证明且取得主管部门认可，危险品区内或区内任何一部分内存在的特定物质的状态不会导致重大事故危害，则根据本条第二项的标准，各成员国可减少安全生产报告中关于预防重大事故残留危害及限制其对人和环境造成的危害的信息。

b）在本指令实施前，根据第 82/501/EEC 号指令中第十六条规定的程序，理事会应为主管部门如何确定危险品区是否会造成重大事故危害（见本条第一项）制定一个统一的标准。在此项标准制定之后方可实行本条第一项。

c）各成员国应保证主管部门将危险品区清单告知理事会并说明原因。理事会应每年将该清单转交给 Committee（见第二十二条）。

第十条

装备、危险品区或存储设施的修整

在修整装备、危险品区、存储设施或流程时，或危险物质的性质或存在量发生可能引起重

大事故危害的变化时，各成员国应保证执业者：

a）检查并在必要时修改其重大事故预防政策及管理体系和程序（见第七条和第九条）。

b）检查并在必要时修改其安全生产报告，并在修改前告知主管部门（见第十六条）修改的细节。

第十一条

应急预案

1. 对于适用于第九条的所有危险品区，各成员国应保证：

a）执业者应在下列时限内起草内部应急预案，制定在危险品区内实施的应急措施：

- 对于新建的危险品区，应在其开始运作前；
- 对不受第82/501/EEC号指令约束的现存危险品区，应在本指令第二十四条第一款规定的日期起三年内；
- 对于其他的危险品区，应在本指令第二十四条第一款规定的日期起两年内。

b）执业者应在下列时限内向主管部门提供有关信息，帮助主管部门起草外部应急预案：

- 对于新建的危险品区，应在其开始运作前；
- 对不受第82/501/EEC号指令约束的现存危险品区，应在本指令第二十四条第一款规定的日期起三年内；
- 对于其他的危险品区，应在本指令第二十四条第一款规定的日期起两年内。

c）成员国指定有关部门起草外部应急预案，制定在危险品区外实施的应急措施。

2. 应急预案的制定必须本着以下目标：

a）遏制并控制事故的发展以使危害最小化，减轻其对人体、环境和财产造成的损害和损失；

b）实施必要措施以保护人和环境免受重大事故的危害；

c）向公众和当地后勤服务处或相关部门通报必要的信息；

d）实施重大事故发生后的恢复和清理工作。

应急预案应包含附件Ⅳ所列信息。

3. 在不妨碍各主管部门履行义务的前提下，各成员国应保证在起草本指令中的内部应急预案时与危险品区内的员工协商，外部应急预案的制定也应与公众协商。

4. 各成员国应保证执业者和指定部门每隔一段时间（最长不超过三年）对内外部应急预案进行审查、检验，并进行必要的修改和更新。审查时应考虑所涉及的危险品区或应急服务的变化、新的技术知识及应对重大事故的知识。

5. 各成员国应确保执业者立即执行应急预案，且在以下情形中，如有必要，由指定的主管部门加以执行：

a）发生重大事故，或

b）且经合理推定该事件的性质会导致重大事故的发生。

6. 根据安全生产报告所提供的信息，在说明理由的情况下，主管部门可决定是否制定本条第一款所涉及的外部应急预案。

第十二条

土地利用规划

1. 各成员国应保证在他们的土地利用政策和/或其他相关政策的制定中考虑预防重大事故并限制其危害的目标。为实现这一目标，他们应控制：

a）新危险品区的选址；

b）对第十条所涉的现存危险品区的修整；

c）在现存危险品区周边进行的，其选址或建设本身会增加重大事故发生的风险及危害的新建设，比如交通枢纽、公众场所或居民区的建设。

各成员国应保证在制定土地利用政策和/或其他相关政策及执行这些政策的措施时考虑，在长期，使本指令所涉危险品区与居民区、公用区及特定自然敏感区或保护区之间保持适当的距离；对于现存的危险品区，应根据第五条的规定增加技术性措施，以不增加其对人群造成的风险。

2. 这些程序应保证在执行决议时，能获得关于危险品区存在的风险的技术性意见，这些意见可以是具体的个案建议，也可以是一般性建议。

第十三条

关于安全措施的信息

1. 可能受到（第九条所覆盖的）危险品区内发生的重大事故影响的人员无须要求，各成员国就应向他们提供关于安全措施的信息及事故发生时要求采取的行为的信息。

应每三年对这些信息进行审查，至少在发生第十条所列的改变时，对这些信息进行必要的重申和修改。他们也应始终对公众公开。在任何情况下，向公众重申这些信息的最大时间间隔应不超过五年。

这些信息应至少包括附件Ⅴ所列的内容。

2. 对于（第九条所覆盖的）危险品区发生的可能会产生跨境危害的重大事故，各成员国应向受到潜在影响的成员国提供充分的信息，以使第十一、十二条及本条所涉及的相关措施在可实施的情况下，应用到受影响的成员国。

3. 当一成员国根据第十一条第六款规定，已确定濒临其国界的另一成员国的危险品区不会造成跨境重大事故危害，因此不必制定第十一条第一款规定的外部应急预案时，该成员国应告知另一成员国。

4. 各成员国应保证向公众公开安全生产报告。出于保护行业机密、商业机密、个人隐私、公共安全或国防信息的目的，执业者可请求主管部门不向公众披露报告的部分信息。在这些情况下，征得主管部门同意后，执业者应向主管部门提交一份修正后的报告，排除这些部分，并将该报告向公众公开。

5. 各成员国应保证公众能就以下情况发表意见：

a）新建第九条所涉危险品区的规划，

b）对第十条所涉的现存危险品区的修整，且该修整属于本指令所规定的规划义务，

c）对现存危险品区的扩建。

6. 对于第九条所涉的危险品区，各成员国应根据第九条第二款的规定，保证向公众公开其危险物质库存量。

第十四条

重大事故发生后执业者应提供的信息

1. 在重大事故发生后，各成员国应保证要求执业者尽快以最恰当的方式：

a）告知主管部门；

b）在得到以下信息后立即提供给主管部门：

- 事故的情形；
- 事故中涉及的危险物质；
- 可用于评估事故对人和环境造成影响的资料；
- 采取的应急措施。

c）告知主管部门其意欲采取的步骤，以

- 减轻事故的中长期危害；
- 防止此种事故重发。

d）若进一步调查发现新的情况，改变了先前提供信息或做出的结论时，及时更新信息。

2. 各成员国应要求主管部门：

a）保证采取一切必要的短期、中期和长期措施；

b）通过检测、调查或其他适当手段收集必要地信息，以对重大事故进行技术上、组织上和管理上的全面分析；

c）采取适当行动以确保执业者采取一切补救措施；

d）为将来的预防措施提供建议。

第十五条

各成员国应向理事会提供的信息

1. 为防止重大事故的发生并减轻事故危害，各成员国应尽快向理事会通告发生在其领土范围内且达到附录六所列标准的重大事故。各成员国应提供以下细节：

a）成员国名称，负责报告的部门的名称和地址；

b）重大事故发生的日期、时间和地点，包括执业者的全名及所涉危险品区的地址；

c）简要描述事故发生的情况，包括事故所涉及的危险物质及其对人和环境造成的即期影响；

d）简要描述所采取的应急措施及为防止事故重发而采取的直接预防措施。

2. 在收集到第十四条所列信息后，各成员国应采用报告的形式（在第二十二条中加以规定并审查）立即告知理事会他们的分析结果及建议。

除非为了遵守相关的法律程序，且立即报告会损害这一程序，各成员国对该信息的汇报不得延误。

3. 对于任何能提供与重大事故相关的信息及能给在事故发生时必须加以干预的其他成员国的主管部门提供建议的机构，各成员国应告知理事会这些机构的名称和地址。

第十六条

主管部门

在不妨碍执业者履行其职责的情况下，各成员国应成立或任命一个主管部门或几个负责执行本指令规定任务的部门，并在必要时成立协助主管部门或各技术部门的机构。

第十七条

禁止使用

1. 当执业者所采取的预防重大事故发生和减轻事故危害的措施严重不足时，各成员国应禁止其使用或投入使用任何的危险品区、装备、存储设施或它们的一部分。

当执业者未在规定时限内提交本指令规定的通告、报告或其他信息时，各成员国可禁止其使用或投入使用任何的危险品区、装备、存储设施或它们的一部分。

2. 各成员国应保证执业者可根据国家法律和有关程序的规定，就主管部门发布的禁止使用指令，向适当的机构提出上诉。

第十八条

检测

1. 各成员国应保证主管部门组建安全检测系统或适合特定危险品区的管理办法。无论是否收到安全生产报告或其他应提交的报告，这些安全检测系统或管理办法都应存在。这些安全检测系统或其他管理办法应能够对在危险品区实施的系统（无论是技术系统、组织系统还是管理系统）进行有计划且系统的全面检测，以保证：

a）执业者能证明他能对在危险品区进行的各种活动采取适当的措施，防止重大事故的发生；

b）执业者能证明他在重大事故发生的现场和场外均采取适当的措施，防止危害的扩大；

c）安全生产报告或提交的其他报告中包含的数据和信息能充分反映危险品区的状况；

d）信息以根据第十三条第一款的规定向公众公开。

2. 本条第一款中的监测系统应符合下列条件：

a）具备检测所有危险品区的规划。除非主管部门已经对特定危险品区的重大事故危害的进行系统评估，并根据评估制定了检测规划，该规划应促成主管部门对第九条所覆盖的每个危险品区每十二个月进行至少一次现场检测。

b）每次检测后，主管部门应准备一份检测报告。

c）如有必要，在主管部门实施的每次检测后在合理时间段内，应实施对危险品区的管理。

3. 主管部门可要求执业者提供其他必要的信息以使主管部门：全面评估一起重大事故发生的可能性，确定重大事故可能升级和/或恶化的范围；许可着手准备外部应急预案；考虑由于其物质形态，在特定的条件或场所下可能需要额外关注的物质。

第十九条

信息系统和信息交换

1. 各成员国和理事会应交流预防重大事故和减轻事故危害的经验。这些经验应尤其包括本指令所制定措施的运作情况。

2. 理事会应建立信息登记系统，供各成员国使用。该系统应尤其包括在各成员国领土内发生的重大事故的详细情况，以：

a）加快第十五条第一款涉及的各成员国提供的信息向所有主管部门的传播；

b）向主管部门发布关于重大事故原因的分析和从事故中汲取的教训；

c）向主管部门提供关于预防性措施的信息；

d）提供能对重大事故的发生、预防和减少危害方面提供意见或相关信息的机构的有关信息。

3. 信息登记系统应包括至少以下内容：

a）各成员国根据第十五条第一款要求提供的信息；

b）事故原因的分析；

c）从事故中汲取的教训；

d）防止事故重发的必要预防措施。

4. 在不违背第二十条规定的情况下，该信息登记系统应对以下机构开放：各成员国政府部门、行业或贸易协会、工会、环境保护领域的非政府组织及该领域内其他国际组织或研究组织。

5. 按照理事会第 91/692/EEC 号指令规定的程序，各成员国应每三年向理事会提交一份信息报告。理事会应将这些信息汇总，每三年公开发布一次。理事会第 91/692/EEC 号指令颁布于 1991 年 12 月 23 日，它用于规范与（本指令第六条至第九条所涉及的）危险品区环境(1)有关的特定指令的执行情况报告和并使其合理化。

第二十条

保密事项

1. 本着透明公开的原则，各成员国应保证各有关当局将按照本指令得到的信息对任何要求知道该信息的自然人或法人公开。

若根据各国法律的要求，各有关当局或理事会获取的信息对以下事项予以质疑，要求获取有关信息的，该信息应予保密。这些事项有：

a）各有关当局或理事会做出的审议；

b）有关国际关系和国防的信息；

c）涉及公共安全的信息；

d）处于初步调查阶段的法律诉讼或正在进行的法律诉讼程序；

e）商业和行业机密，包括知识产权；

f）私人信息；

g）要求保密的第三方提供的信息。

2. 本指令不干涉成员国与第三国签署的要求内部保密的信息交换协议。

第二十一条

委员会参考条件

根据技术的进步更新第九条第六款第二项和附件Ⅱ到附件Ⅵ中列出的相关标准及起草第十五条第二款列出的报表所要求采取的措施应采用本指令第二十二条规定的程序。

第二十二条

委员会

应成立委员会以协助理事会的工作。委员会应由各成员国代表组成，主席应由理事会选举一名代表担任。

理事会代表应向委员会提交应急措施草案。委员会对草案发表意见，根据事态的紧急程度意见发表的时间应不耽误主席的产生。根据协约第一百四十八条第二款的规定，对于由理事会提议 Council 必须采用的决议，就草案发表的意见须获得委员会成员的多数通过。委员会中各成员国代表的表决权的权重应根据该条款加以设定。委员会主席没有表决权。

若委员会对应急措施草案无异议，理事会应采纳该草案。

若委员会对应急措施草案有异议，或委员会未对草案发表意见，理事会应立即向 Council 提交关于应急措施的建议。Council 应采取有效的多数表决通过的方式决定是否采纳该建议。

建议自提交 Council 之日起有效期为三个月，逾期 Council 未予表决的，委员会可自行采取建议中的应急措施。

第二十三条

欧洲经济共同体第 82/501/EEC 号指令的撤销

1. 82/501/EEC 号指令应于本指令生效之日起二十四个月后撤销。

2. 除非本指令有相应规定，第 82/501/EEC 号指令中的通告、紧急预案及信息公开条款仍继续有效。

第二十四条

指令的履行

1. 各成员国应在本指令生效之日起二十四个月内，遵照本指令制定并实施必要的法律法规和行政条例，并立即告知本理事会。

各成员国在制定本国相关法律法规和行政条例时应参考本指令，或在正式发布本国法律法规时附上本指令。各成员国应规定如何参考本指令。

2. 各成员国应将本国法律中涉及本指令管辖范围的主要条款告知理事会。

第二十五条

生效日期

本指令将自欧洲共同体官方日志上发布之日起满二十天后生效。

第二十六条

本指令于 1996 年 12 月 9 日在布鲁塞尔获得通过，用于约束欧盟各成员国。

致理事会

理事会主席：B. 霍林

附件清单

附件Ⅰ
本指令的应用范围

前　言

1. 本附件适用于存在于本指令第三条所涉的任何危险品区内的危险物质，并决定了其他相关条款的适用范围。

2. 若根据它们的属性或由于技术进步对它们的最新调整，混合物和制剂的浓度在本附件第二部分注释一中相关指令设定的浓度极限范围之内的，除非特别给出特定百分含量或其他描述，应将混合物和制剂与纯物质同等对待。

3. 下面所列的危险量适用于每一个危险品区。

4. 在启用有关条款时需考虑的量是指出现的危险物质的最大量或任何某一时刻有可能出现的最大量。若某个危险品区内危险物质的存在量等于或不足有关危险量地 2%，且它们在危险品区所处的位置使它们不能引发其他地方的重大事故时，在计算危险物质总存在量时应不予考虑。

5. 第二部分注释四所涉及的规定危险物质附属物和危险物质种类的原则，应择情引用。

第一部分
物质列表

当第一部分所列的某种物质或物质群组同时属于第二部分所列的某一种类时，必须以第一部分所列的危险量为准。

第1栏	第2栏	第3栏
危险物质	危险量（吨）	
	第六、七条	第九条
硝酸铵	350	2 500
硝酸铵	1 250	5 000
五氧化砷，砷（五）酸和/或其盐化物	1	2
三氧化二砷，亚砷酸（三）酸和/或其盐化物	—	0.1
溴	20	100
氯	10	25
可吸入粉末状的镍化合物（一氧化镍，二氧化镍，镍硫化物，二硫化三镍，三氧化二镍）	—	1
乙烯	10	20
氟	10	20
甲醛（浓度为90%）	5	50
氢	5	50
氯化氢（液化天然气）	25	250
烷基铅	5	50
极易燃液化气体（包括液化石油气）和天然气	50	200
乙炔	5	50
氧化乙烷	5	50
氧化丙烷	5	50
甲醇	500	5 000
粉末状的4,4-亚甲基（2-氯苯胺）和/或其盐化物	—	0.01
甲基环己基异氰酸酯	—	0.15
氧气	200	2 000
甲苯二异氰酸酯	10	100
二氯化羰基（碳酰氯）	0.3	0.75
砷化三氢（砷烷）	0.2	1
三氢化磷（磷化氢）	0.2	1
二氯化硫	1	1
三氧化硫	15	75
以四氯二苯并二噁英计的多氯二苯并呋喃和多氯代二噁英（包括四氯二苯并二噁英）	—	0.001

以下致癌物（质）： 4-苯基苯胺和/或其盐化物，对二氨基联苯和/或其盐化物，二氯甲醚，氯甲基甲基醚，二甲氨基甲酰氯，二甲基亚硝胺，六甲基磷酰三胺，2-甲萘胺和/或其盐化物，1,3-丙磺酸内酯，4-硝基联苯	0.001	0.001
汽油和其他石油精	5 000	50 000

注释：

1. 硝酸铵（350 / 2 500）

此项适用于硝酸铵和硝酸铵化合物（不包括注释 2 所指的化合物）中硝酸铵中的含氮量超过 28%，及硝酸铵溶液的浓度超过 90%的情况。

2. 硝酸铵（1 250/5 000）

此项适用于第 80/876/EEC 号指令中所涉的简单硝酸铵化肥和硝酸铵中的含氮量超过 28%的复合肥（复合肥指含有硝酸铵和磷酸盐和/或碳酸钾的肥料）。

3. 多氯二苯并呋喃和多氯代二噁英。

多氯二苯并呋喃和多氯代二噁英的量用以下因素计算：

Intentional Toxic Equivalent Factors（ITEF）for the congeners of concern（NATO/CCMS）			
2,3,7,8-四氯二苯并二噁英	1	2,3,7,8-四氯二苯并呋喃	0.1
1,2,3,7,8-二噁英	0.5	2,3,4,7,8-二噁英	0.5
—	—	1,2,3,7,8-二噁英	0.05
—	—	—	—
1,2,3,4,7,8-六氯二苯并对二噁英	0.1	—	—
1,2,3,6,7,8-六氯二苯并对二噁英	0.1	1,2,3,4,7,8-六氯二苯并呋喃	0.1
1,2,3,7,8,9-六氯二苯并对二噁英	0.1	1,2,3,7,8,9-六氯二苯并呋喃	0.1
—	.	1,2,3,6,7,8-六氯二苯并呋喃	0.1
1,2,3,4,6,7,8-七氯二苯并对二噁英	0.01	2,3,4,6,7,8-六氯二苯并呋喃	0.1
八氯二苯并对二噁英	0.001	1,2,3,4,6,7,8-七氯二苯并呋喃	0.01
—	—	1,2,3,4,7,8,9-七氯二苯并呋喃	0.01
—	—	—	—
—	—	八氯二苯并呋喃	0.001

第二部分

第一部分未标明的物质和制剂种类

第1栏	第2栏	第3栏
危险物质种类	第三条第四款所列危险物质的危险量（吨）	
	第六、七条	第九条
1. 剧毒物质	5	20
2. 有毒物质	50	200
3. 氧化物	50	200
4.易爆物（注释2（a）中定义的物质或制剂）	50	200
5.易爆物 （注释2（b）中定义的物质或制剂）	10	50
6. 易燃物（注释3（a）中定义的物质或制剂）	5 000	50 000
7 a. 高度易燃物（注释3（b）（1）中定义的物质或制剂）	50	200
7 b. 高度液体易燃物 （注释3（b）（2）中定义的物质或制剂）	5 000	50 000
8. 极度易燃物（注释3（c））中定义的物质或制剂）	10	50
9. 标有以下危险警示的对环境有害的物质：	.	.
（i）R50：对水生生物有很大毒害作用	200	500
（ii）R51：对水生生物有很大毒害作用；R53：对水生环境造成长期有害影响	500	2 000
10. 标有以下危险警示的上述未涉及的任何其他种类的物质：	.	.
（i）R14：与水发生剧烈反应（包括R14/15）	100	500
（ii）R29：遇水释放有毒气体	50	200

注释：

物品和制剂按下列指令（按需求）以及其当前对于技术进步的适应性分类如下：

1）1967年6月27日理事会指令67/548/EEC制定的对与危险物质（1）分类、包装和标签相关的法律、法规以及行政条款的相似度的规定；

2）1988年6月7日理事会指令88/379/EEC制定的对与危险制剂（2）分类、包装和标签相关的成员国的法律、法规以及行政条款的相似度的规定；

3）1978年6月26日理事会指令78/631/EEC制定的对与危险制剂（杀虫剂）（3）的分类、包装和标签相关的成员国的法律的相似度的规定。

根据上述指令，一些物品和制剂可能不会被列为危险品，然而会或者可能会存在与企业之中，并且会在企业当前条件下在重大伤害事故潜在危险方面与危险资产同样进入生产程序，为防止此类情况发生，在按照条例进行临时分类之后应该再次按照相关指令的相关条款进行分类。

1. 一些物品和制剂的特性会导致其分类的不唯一性，在这种情况下，最低限度应该遵守本指令的目标。

为明确本指令的目标，应该建立及时更新并且通过第二十二条程序验证的一系列关于物品和制剂的信息。

2. “爆炸物”是指：

i. 一种会通过撞击、摩擦、火花或者其他起火原因导致爆炸危险的物品或制剂（危险等级 R2）；

ii. 烟火物品是指一种设计成能够通过无爆自持放热的化学反应产生热量、光、声音、气体或者烟雾一种或者多种效果的物品（或混合物），或者

iii. 包含爆炸物品或者烟火物品或制剂的物体；

a. 能通过撞击、摩擦、火花或者其他起火原因产生恶劣危险的物品或者制剂（危险等级 R3）

3. 第 6、7、8 目录下的“易燃品”“高度易燃品”和“极度易燃品”是指：

a. 易燃液体：

燃点等于大于 21℃并且小于等于 55℃（危险等级 R10）的物品或者制剂，有燃烧现象。

b. 高度易燃液体：

- 在常温下能变热并且在没有任何能量输入情况下最终能与空气发生反应导致燃烧（危险等级 R17）的物品或者制剂，燃点低于 55℃，在高压高压等特定生产条件下能保持液体形态，可能会导致重大危险事故的物品；
- 燃点低于 21℃的非极度可燃物品和制剂（危险等级 R11，第二项下）；

c. 极度易燃气体和液体：

- 燃点低于 0℃，沸点（如果存在沸腾区间则以初始沸点为准）在正常压力下小于或者等于 35℃的液体物质或者制剂（危险等级 R12，第一项下），以及
- 在常温常压与空气接触即会发生燃烧的气态物质和制剂（危险等级 R12，第二项下），无论其在压力下是否是气态或者液态状态，除非是液态化的极度易燃气体（包括液化石油气）和第一部分所指的天然气，和
- 在沸点以上温度保持液体状态的物质和制剂。

4. 决定企业现存危险物质数量的加和应该遵照以下公式：

如果总和

$$q_1/Q+q_2/Q+q_3/Q+q_4/Q+q_5/Q+\cdots\geqslant 1$$

其中：

q_x= 属于本附件第一部分和第二部分范围内的危险物质 x（或者危险物质所属分类）的数量；

Q=第一部分或者第二部分的相关临界数量；由此，企业被涵盖进本指令的相关要求之中。

本公式适用于以下情形：

a. 在第一部分出现的物品和试剂数量小于其单独定性数量，但是与具有相同分类的第二部分物品共存，以及与具有相同分类的第二部分物品的总和；

b. 第 1、2、9 目录下的共存于一个企业的物品的总和；第 3，4，5，6，7a，7b 和 8 目录下的共存于一个企业的物品的总和。

附件 II

安全生产报告（见第九条的具体规定）中应考虑提供的基本资料和信息

Ⅰ. 关于为预防重大事故而建立的管理系统和危险品区组织的信息

该信息应包含附件III所列的因素。

Ⅱ. 关于危险品区环境的描述

A. 对场址和其环境的描述，包括地理位置、气候、地质和水文情况，若有必要，还有包括其历史情况；

B. 对危险品区内可能导致重大事故危害的装备及其运作活动的识别；

C. 对可能发生重大事故的区域的描述。

III. 关于装备的描述

A. 对危险品区内事关安全、重大事故危险源、可能引发重大事故的条件等主要活动和各部分生产的产品，以及建议的预防措施的描述；

B. 对流程，尤其是操作方法的描述；

C. 对危险物质的描述，包括：

1. 包括以下信息的危险物质目录：

——危险物质的识别：化学名称，化学文摘社登记号（CAS NO.），IUPAC 命名下的名称；

——危险物质的最大出现量或可能出现的最大量。

2. 对人和环境造成即期和远期影响的危害物质的物理、化学和毒物学特征及表现；

3. 正常使用时或可引发事故时的物理反应和化学反应.

Ⅳ. 事故确认、事故危险性分析及预防措施

A. 对重大事故发生时的可能场景或重大事故发生条件的详细描述，包括引发每个情景的因素的汇总，装备危险发生的内外部原因；

B. 对已确认的重大事故的危害的范围和程度的评估；

C. 对用于确保装备安全的技术参数和设备的描述。

Ⅴ. 限制事故危害的保护及干预措施

A. 为限制事故危害在工场内安装的设备的描述；

B. 预警和干预组织；

C. 对可调动的内外部资源的描述；

D. 按照第十一条的规定，为起草内部应急预案而将上述 A、B、C 项所列的必要措施加以汇总。

附件Ⅲ

第七条规定的原则和第九条规定的要求提供的、为预防重大事故的、关于管理系统和危险品区组织的信息

在实施执业者制定的重大事故预防政策和安全管理系统时，应考虑以下因素。文件（见第七条）中规定的要求应与危险品区内发生的重大事故危害相一致。

a. 重大事故预防政策应以书面形式制定，其中应包括执业者控制重大事故危害的总体目标和行动准则；

b. 安全管理系统应包含一般管理系统中涉及组织结构、职责、实际措施、程序、流程及用于确定和执行重大事故预防政策的资源等部分；

c. 安全管理系统应解决以下问题：

i. 组织和人员组成——组织内各级参与重大事故危害管理的人员的角色和责任；确定人员培训的需求并提供相应的培训；员工参与或适当的承包商的参与；

ii. 识别并评估重大危害——采纳并执行有关程序，对有正常和非正常操作引起的重大事故危害进行系统的鉴别，并评估其发生的可能性及危害程度；

iii. 操作管理——采纳并执行有关安全操作的程序和说明，包括工场、流程、设备的维护及临时故障的维修；

iv. 变化管理——采纳并执行有关程序，修改或重新设计相关设备、流程或存储设施；

v. 应急预案——采纳并执行有关程序，在系统分析的基础上识别可预见的突发情况，并根据突发情况着手应急预案的准备、检验和审查工作；

vi. 监督执行情况——采纳并执行有关程序，评估执行情况是否与执业者重大事故预防政策及安全管理系统中设定的目标相一致，若不一致时，应建立相应调查机制、采取纠正措施。这些程序应包括执业者报告险些发生的重大事故（尤其是缺乏防护措施的）的系统，及他们对事故的调查和吸取事故教训后所采取的措施；

vii. 审计和审查——采纳并执行有关程序，对重大事故预防政策及安全管理系统的有效性和得当性进行定期评估；书面审查预防政策和安全管理系统的运作情况及高层管理对其的修改情况。

附件Ⅳ
按照第十一条规定，应急预案中应包括的资料和信息

1. 内部应急预案

a. 授权启用应急程序的人员的姓名和职务，现场危害控制行动的负责和协调人的姓名和职务；

b. 负责联络主管外部应急预案的部门的人员的姓名和职务；

c. 针对某些可预见的情形或事件——这些情形或事件对引发重大事故起着重要作用——应采取的控制其出现并限制其后果的行动的描述，包括对可用的安全生产设备或资源的描述；

d. 减轻事故现场人员所受危险的措施，包括发出警告及人员在收到警告后应采取的行动；

e. 向负责启动外部应急预案的部门发出提前预警的部署、首次预警中应包含的信息类型及提供进一步获取的详情的部署；

f. 对工作人员进行应急事务的培训的部署，如有必要，可与场外应急服务处协同开展培训；

g. 协助场外减轻危害行动的部署。

2. 外部应急预案

a. 授权启用应急程序的人员的姓名和职务；授权负责和协调场外行动的人员的姓名和职务；

b. 接收事故提前预警的部署，警戒部署及服务现场的部署；

c. 执行外部应急预案所需的必要资源的协调工作；

d. 协助现场减轻危害行动的部署；

e. 场外减轻危害行动的部署；

f. 向公众提供与事故相关的具体信息及公众应采取何种行为的部署。

对于可能造成跨境危害的重大事故，向其他成员国的应急服务处提供信息的安排。

附件Ⅴ
按照第十三条第一款的规定，应告知公众的信息

1. 执业者的姓名和危险品区的地址。

2. 信息提供者的职位信息。

3. 确认危险品区受为执行本指令而制定的法规和/或行政规章的约束的信息；确认执业者已向主管部门提交通告（见第六条第三款）或安全生产报告（见第九条第一款）的信息。

4. 用简单的语言对危险品区的有关活动的说明。

5. 存在于危险品区的可引发重大事故的物质和制剂的通用名、类别名或一般的危害性类别（针对附件Ⅰ第二部门所列物质和制剂），并标明它们最主要的危险特征。

6. 与重大事故危害性质相关的一般信息，包括其对人和环境造成的潜在影响。

7. 如何提醒公众并全程告知其事故发展现状的充分信息。

8. 公众在重大事故发生时应采取何种行动或行为的充分信息。

9. 确认执业者为处理重大事故、使其危害最小化，已按要求在现场充分部署，尤其是已安排与应急服务处得联络工作。

10. 起草用于处理事故发生现场以外情况的外部应急预案，包括事故发生时，建议公众与应急服务处合作，接受其指导或要求。

11. 在不违背国家法律规定的保密要求的情况下，提供进一步获取相关信息的详细渠道。

附件Ⅵ
按照第十五条第一款的规定，需向通报理事会的事故类型

I. 第一款所列事故或导致第二、三、四、五款所列的任何一种后果的事故，必须通报理事会。

1. 事故中出现的物质

任何危险物质的着火、爆炸或意外泄漏，且危险物质出现的量大于或等于附件Ⅰ第三栏所列危险量的5%的情况。

2. 人员伤亡和不动产受损

直接包含危险物质，且导致下列事件中任何一种情况的事故：

- 人员死亡；
- 危险品区内有至少六人受伤，且住院观察超过24小时；
- 危险品区内有至少一人受伤，且住院观察超过24小时；
- 危险品区外的住所因事故受损且无法使用；
- 人员的撤离或隔离达到两小时以上（人员数×时间≥500）；
- 饮用水、电、气和通信服务的供应中断两小时以上（人员数×时间≥1 000）。

3. 对环境造成长期损害

- 对陆生栖息地造成永久或长期的损害，包括损害：

——受法律保护的具有重大环境保护价值的栖息地，且面积在0.5公顷以上（包括0.5公顷）；

——10公顷以上（包括10公顷）的，报告农业用地在内的更大范围的栖息地。

- 对淡水和海洋生物栖息地造成重大或长期损害，包括损害：

——长在10千米以上（包括10千米）的河流或运河；

——面积在1公顷以上（包括1公顷）的湖泊；

——面积在2公顷以上（包括2公顷）的三角洲；

——面积在2公顷以上（包括2公顷）的海岸线或海域。

- 对蓄水层或地下水造成重大损害。

——面积在1公顷以上（包括1公顷）。

4. 财产损失

- 危险品区内的财产损失不低于200万欧元；
- 危险品区外的财产损失不低于500万欧元。

5. 跨境危害

直接包含危险物质的事故造成的危害已超出事故发生成员国以外，影响到其他国家的情况。

Ⅱ. 各成员国认为对预防重大事故及限制其危害有特殊技术意义的，且上述标准中未涉及的事故或“险些发生的事故”，应通报理事会。

附录 3:

欧洲议会和理事会立法

塞维索Ⅲ指令

准 则

2012 年 7 月 4 日，欧洲议会和理事会指令（2012-18-EU）

《关于涉及危险物料的重大事故危害控制》指令修订后，废除理事会指令（96/82/EC）

（文本与 EEA 相关）

欧洲议会和欧盟理事会：

考虑该条约对欧盟的作用，特别是它的第 192 条款（1），以及欧盟委员会的提议，在立法草案上报至欧盟议会后，考虑欧洲经济和社会委员会的意见，在咨询地区委员会之后，按照普通立法程序执行，鉴于：

（1）1996 年 12 月 9 日的理事会指令 96/82/EC《关于涉及危险物料的重大事故危害控制》规定了由某些工业活动引起的重大事故的预防以及它们对人类的健康和环境安全的局限性。

（2）重大事故通常会产生严重的后果，且其将对其他国家产生影响，已经被塞维索、博帕尔萨、斯凯维泽、恩斯赫德、图卢兹和邦斯菲尔德等证实。为充分强调采取适当的预防措施的必要性，以确保整个联盟的市民、社区和环境达到对重大风险事故高水平防护，或至少使其保持在目前或更高的防护水平状态。

（3）96/82/EC 指令在降低事故发生的可能性和后果方面已经起到一定作用，使联盟形成一个较好的防护水平。该指令的综述部分证实了重大事故的比率仍然保持稳定。对于其目的而言整个现有的规定是适用的，但为进一步提高防护水平就需要修订，特别是重大事故预防。同时，96/82/EC 指令建立的系统应适应于欧盟的危险物质和其混合物分级系统。此外，许多其他规定应说明及更新。

（4）因此，为了确保维护和进一步的提高现有防护水平，使规定更有效和高效率，通过流线型化或简化尽可能减少不必要的行政负担，且不违背安全、环境和人类健康保护，替换 96/82/EC 指令是合适的。同时，新规定应该清晰、条理分明和容易理解，以提高执行性和可操作性，且使人类健康和环境保护水平仍然至少保持在目前或更高的防护水平。欧盟委员会应该配合成员国实际执行该指令。合作尤其应该讨论危险物质和其混合物自我分类问题。在适当时候，利益相关者如行业的代表、工人和促进人类健康好环境的保护非政府性组织应该参与这个指令的实现。

（5）1998 年 3 月 23 日的委员会决议 98/685/EC 认可代表联盟的欧洲联合经济委员会《工业事故跨界影响公约》，其提供了引起跨界影响的工业事故预防、准备及响应的方法以及该领域的国际合作措施。96/82/EC 指令在联邦法律范围内执行该公约。

（6）重大事故的后果超出规定范围，不仅是受到影响的公司而且成员国都关心事故产生的生态经济代价，因此非常有必要建立和应用安全的和降低风险的措施，防止可能发生的意外事故，减少事故发生的风险且将事故发生的影响降到最低，从而使整个欧盟尽可能可以保持在较高的防护水平。

（7）本指令的规定应适用于关于作业和工作环境的健康与安全的联盟法律的规定，尤其适用于理事会 1989 年 6 月 12 日的指令 89/391/EEC《关于采取鼓励改善工人在作业中安全和健康的措施》。

（8）如果某些工业活动隶属于其他联盟或国家法规规定的安全水平，那么它们应该从本指令范围中排除。委员会应该持续检查现有的监管框架是否有明显差距，特别是其他活动以及特定的危险物质产生的新的风险，如果内容合适，可提出一项立法建议来解决其差异。

（9）通过参考 1967 年 6 月 27 日理事会指令 67/548/EEC《危险物质的分类、包装和标识》近似的法律、法规和标准，以及欧洲议会和理事会于 1999 年 5 月 31 日提出的 1999/45/EC 指令《有关危险配制品的分类、标记、包装指令》近似的法律、法规和标准规定的特定条款，96/82/EC 指令附件 I 列出了危险物质的适用范围。67/548/EEC 和 1999/45/EC 指令已经被欧洲议会和理事会于 2008 年 12 月 16 日通过的 1272/2008 号规章《关于物质和混合物分类、标识和包装》所替代，它在联合国（UN）体系且达到国际水平的《化学品分类和标签全球协调系统》范围内执行。该规章介绍了新的危险类别，但是仅仅部分与过去废除的指令一致，由于在其框架内缺乏标准，某些危险物质或其混合物将不属于这个系统。因此需要修改调整 96/82/EC 指令附件 I，同时保持现有水平，或进一步提高该指令的保护水平。

（10）为了分类升级，如沼气方面的内容，应该考虑欧洲标准化委员会（CEN）制定的任何新产生的标准。

（11）从调整到第 1272/2008 号规章（EC）和随后改编指令的副作用是可能对危险物质或其混合物分类产生影响。欧盟委员会应该根据指令的评估标准，评估尽管属于危险物质分类内容，并对目前不会出现重大事故风险的危险物质进行评估。如果合适的话，提交一个立法提议，排除该指令范围内关注的这些危险物质。为了避免对运营者和成员国主管机关产生不必要的负担，评估应该迅速开始，特别是在危险物质或其混合物的分类改变之后。本指令的范围以外的条款不应妨碍任何成员国保持或引入更严格的保护措施。

（12）运营者有责任采取一切必要措施预防重大事故、减轻其后果和采取恢复措施。危险物超过一定量的企业，运营者应提供主管机关其能够识别这个企业、危险物质目前及潜在的危险的必要的信息。在国家法律规定范围内运营者也应该起草并上交到主管机关事故预防政策（MAPP）设置运营者的整体方法和措施，包括控制重大事故灾害危险的适当的安全管理系统。当运营者识别和评估重大事故危险时，还应该考虑企业内部可能发生的严重事故所产生的危险物质。

（13）2004 年 4 月 21 日欧洲议会和理事会的 2004/35/EC 指令在环境责任上提及了通常由重大事故导致的环境危害有关的环境损害的预防和修复。

（14）为了降低多米诺效应的风险，企业被确定或非常接近增加重大事故的可能性或加重事故的后果，运营者应该配合适当的信息交流并通知公众，包括邻近的可能会受到影响的企业。

（15）为了证明企业在预防重大事故，制定应急预案和响应方面已经采取了必要的措施，运营者应该在企业现存危险物大量存在的情况下，以安全报道的形式向主管机关提供信息。安全报告应包含企业的详细资料、现存危险物质、设备或存储设施、可能重大事故场景和风险分析、预防和干预措施和可用的管理系统，及为了预防和减少重大事故的风险而采取的限制事故后果的必要步骤。重大事故的风险可能由于自然灾害概率与公司坐落位置的相联系而有所增加。这在预防重大事故场景中应该考虑。

（16）对突发事件有准备，例如公司现存大量危险物质，有必要建立内部和外部应急预案并制定程序以确保对这些预案进行必要测试和修改，以便在发生重大事故或可能的事故中实施。企业的全体员工应该参与内部应急预案，公众应当有机会对外部应急预案提出意见。分包合约可能对企业的安全产生影响公司。各成员国应要求运营者在起草 MAPP、安全报告或内部应急计划时考虑这些。

（17）当考虑合适操作方法选择时，包括监控和控制，运营者应该考虑可用的最佳实践信息。

（18）为了提供给居民区、公共场所和环境区域的财产包括特定的自然景区或敏感区更好的保护措施，成员国有必要实施土地利用或其他相关的政策，确保这些区域和存在危险的企业保持合适的距离，并对现有的公司而言，必要的话可采取额外的技术措施，以使人类或环境的风险保持在可接受的水平。当决策实施时应当考虑关于风险的充分信息和应对风险的技术建议。可能的话，减少行政负担，尤其是中小企业，程序和措施应当与其他相关的联邦法律相结合。

（19）为了促进欧洲关于获取信息、公众参与的环境事件（奥胡斯公约 the Aarhus Convention）决策和立法等方面从联合国经济委员会公约的获取环境信息，这已经被 2005 年 2 月 17 日的联邦 2005/370/EC 指令、欧共体关于信息获取、公众参与环境事件的决策和立法所批准，公众获取的信息的水平和质量应该提高。特别是可能会受到重大事故危害的公众，应该给予他们在这个事件中采取正确的行动足够的信息。成员国应该让受重大事故影响的公众知道在哪里获得可见的信息，向公众传播的信息应清晰、简单。除了以积极的方式提供信息，在没有公众要求和传播受其他的阻碍形式下，它也应该永久可见和保持电子日期。同时在处理安全相关等问题时应该有适当的保密安全措施。

（20）信息管理的方式应该符合环境信息共享系统（SEIS），该系统最初由 2008 年 2 月 1 日欧盟委员会文件命名为“关于环境信息共享系统（SEIS）”提出的。文件管理的方式也应符合欧洲议会 2007/2/EC 指令的和理事会于 2007 年 3 月 14 日《关于建立欧洲共同体空间信息基础设施（INSPIRE）的指令》及其实施细则，旨在使整个联盟的社会组织机构共享环境空间信息和更好地促进公众获取空间信息。在联盟的水平上信息应该建立一个公开可用的数据库，这也将有助于实现监督和报告。

（21）在符合奥胡斯公约下，有效的公众参与决策对于表达公众的关注，决策人的考虑、可能与决策相关的意见和建议是必要的，它使公众关注表达，以及制造商决策人考虑的观点和问题可能涉及这些决策成为可能，从而提高决策过程的责任和透明度，增加公众环境问题意识及支持决策制定。

（22）为了确保重大事故发生时采取适当的响应措施，运营者应立即通知主管机关和发布能够评估事故对人类健康和环境影响的必要信息。

（23）主管机关对重大事故的预防和降低事故后果的重视，可以发挥重要作用。成员国在指令实施时应该考虑这个因素。

（24）为了促进信息交流和防止未来相似的事故，成员国应该将本国发生的重大事故的信息转达给委员会。这样委员会就可以分析涉及的危险和管理信息发布系统，特别是重大事故及事故教训。交流的信息也应该包括“险肇事故”，成员国将其作为预防重大事故和限制事故后果的特别的技术手段。成员国和欧盟委员会应该努力确保信息系统中呈现信息的完整性，建立信息系统是为了便于重大事故的信息交流。

（25）成员国应该赋予主管机关权利以确保运营者履行义务。在主管机关和欧盟委员会应该配合活动支持，如开展适当的指导和最佳实践交流。为了避免不必要的行政负担，应当与其他信息义务相关的联邦法律相结合。

（26）成员国应确保主管机关在不符合该指令的事件中采取必要措施。为了确保有效实施和执行，应该建立一个包括定期常规检查项目和非常规检查的监督检查系统。在可能的情况下，检查应该与其他联盟立法包括 2010 年 11 月 24 日欧洲议会和理事会关于《工业排放〈综合污染预防和控制〉》的 2010/75/EU 指令相整合。成员国应确保具有技术和资质的且能够开展有效检查的充足人员。主管机关应该提供达到欧盟水平的适当的支持用具和经验交流和知识巩固机制。

（27）为了考虑技术发展，批准行动的权利与《欧盟运作模式条约》的第 290 条款相一致，授权委员会修改附件Ⅱ到附件Ⅳ，以使其适应于技术发展。特别重要的是在其准备工作期间委员会执行适当的专家级的咨询工作。欧盟委员会当准备和起草立法时，应保证向欧洲议会和理事会同时、及时和适当地传达相关文件。

（28）以确保这个指令实施的统一性，应该赋予欧盟委员会实施权力。行使这些权力应该依照规定（欧盟）参照欧洲议会和理事会在 2011 年 2 月 16 日的第 182/2011 号规章有关的成员国执行权力委员会控制机制的规定和一般原则进行操作。

（29）成员国应该制定国家规定列举侵犯该指令时行政处罚，并保证刑罚的使用。这些刑罚应该是有效的、相称的和劝戒性的。

（30）由于本指令的目标，即使人类健康和环境获得高水平保护，成员国不能完全实现。因此在为了达到联合国水平，联盟可以结合欧盟协议的第五条规定的附则中采取措施。按照第五条的规定，实现本指令目标。

（31）根据 2011 年 9 月 28 日《成员国和委员会的联合政治声明》的说明文件“成员国承诺共存，在合法的情况下，他们用一个或多个文件更换措施的通知来说明一个指令要素与国家其他部分之间的关系。关于这个指令，立法者认为传达这些文件合法性。

（32）因此，应修订进而废除 96/82/EC 指令。

已采纳该指令：

条款 1

概述

本指令规定了涉及危险物料的重大事故危害预防及对人类健康和环境后果的限制，依照一个协调和有效的方式使整个联盟达到高水平保护。

条款 2

适用范围

1. 本指令定义中的第三条（1）适用于企业；

2. 本指令不适用以下情况：

（a）军事设施、装置或存储设施；

（b）产生电离辐射的物质所造成的危险；

（c）危险物质的运输和通过公路，铁路，隧道，海运或空运的直接相关的中间临时储存，以及本指令为提及的企业，包括船坞，码头或堆积场所等其他意义运输的装卸和运输；

（d）管道中的危险物质的运输，包括泵站，本指令范围以外的企业；

（e）开发，即矿山和采石场的勘探、开采和加工，包括钻孔方法；

（f）海上勘探和矿物质的开采，包括碳氢化合物；

（g）海底天然气储存，包括专用存储场所和矿物质的勘探和开采场所，包括碳氢化合物；

（h）垃圾填埋站，包括地下废物储存。

尽管上述包括（e）和（h）的内容，但是在天然气陆上地下储气库天然气地层、含水层、盐腔、废弃矿山和化学与热处理等操作，涉及危险物质相关的存储，以及尾矿处理设施操作，包括尾矿库或坝设施与操作，也应属于在本指令范围内管控的危险物质。

条款 3

术语和定义

以下定义适用于本指令：

1.“企业”是指运营者使用的所有场所。在该场所内，危险物质在一个或多个装置中出现，包括公共的或相关的基础设施或活动场所，企业既可以是低层企业也可以是高层企业。

2.“低层企业”是指企业内部存在的危险物质的量等于或超过附件Ⅰ中第一部分第 2 列或第二部分第 2 列列举的量，但低于第一部分第 3 列或第二部分第 3 列列举的量，在附件Ⅰ注释 4 中列举了使用的总体规则。

3.“高层企业”是指企业内部存在的危险物质的量等于或超过附件Ⅰ中第一部分第 3 列或第二部分第 3 列列举的量，在附件Ⅰ注释 4 中列举了使用的总体规则。

4.“相邻企业”是指一个企业紧挨着另一个企业，这样会增加重大事故的风险或事故结果。

5.“新企业”意思是

（a）于 2015 年 6 月 1 日之后进行运营或建造的企业；

（b）本指令规定范围的运营场所或者低层企业变成高层企业，或高层企业变成低层企业，于 2015 年 6 月 1 日之后由于变更设施或活动场所而造成危险物质的改变的场所。

6.“现存企业”是指一个企业在 2015 年 5 月 31 日符合 96/82/EC 指令规定的范围以及 2015 年 6 月 1 日符合守本指令范围且未变更企业低层或高层的类型。

7.“其他企业”是指符合本指令规定的范围，或者低层企业变成高层企业，或高层企业变成低层企业在 2015 年 6 月 1 日后第 5 点提到的那些以外的原因。

8.“装置”是指企业的一个工艺单元，无论在地面以下或以上，会生产、使用、处理或存储危险物质。它包括了在操作过程中必要的以浮动或以其他方式存在的所有的设备、建筑物、管道、机器、工具、铁路专线、码头、装卸码头服务安装，仓库或类似的结构的装置。

9.“运营者”是指由国家法律法规规定控制企业或装置的自然人或法人，对企业或装置行使经济决定权或决策权。

10.“危险物质”是指符合附件Ⅰ中第一部分或第二部分列举的物质或混合物，包括原材料、产品、副产品、残留物或中间物。

11.“混合物”是指由两种或多种物质组成的混合物或溶液；

12.“现存危险物质”是指企业中实际或潜在存在的危险物质，或通过合理预见的在失控的过程中可能产生的危险物质，包括储存活动，在企业的任何装置中其数量等于或超过附件Ⅰ中第一部分或第二部分规定量。

13.“重大事故”是指在本指令所涵盖的所有企业的运行过程中发生了诸如重大泄漏，火灾或爆炸事件，导致发展不可控制，即时或延迟，对企业内部或企业外部人类健康和或环境造成严重的危害，并涉及一个或多个危险物质。

14.“危险”是指危险物质或客观环境的一种固有属性，具有对人类健康或环境造成损害的能力。

15.“风险”是指在一个特定的时期或特定的环境下发生的一种可能性。

16.“储存”是指为了存储、安全的保管、库存，而存在一定数量的危险物质。

17.“公众”是指按照国家的法律或习惯，而组成的协会，组织或团体的一个或多个自然人或法人。

18.“公共关注”是指公众影响或可能受到的影响或感兴趣，将决定第十五条（1）的任何事项；本定义的目的是通过，被认为有兴趣的非政府组织在国家法律范围内促进环境保护和提出合适的意见和建议。

19.“检查”是指根据本指令的要求代主管机关检查和促进企业的顺应性而采取的所有的行动，包括现场访问，内部设施的核查，对系统、报告和文件的核查，以及必要的后续文件和任何有必要的跟进。

条款 4

特定危险物质的重大事故危险评估

1. 在适当的情况下或在成员国规定通知的第 2 条款的中规定的任何活动，委员会应评估，对于附件Ⅰ中第 1 部分或者第二部分涉及的特殊危险物质在可以被合理预见的正常情况或者非正常情况下引起物质或能量的释放而造成重大事故是不可能的。这个评估应该考虑第 3 条款提到的信息，而且应该以下列一个或多个特点为基础：

在标准工艺流程或者操作条件下或者意外损失下危险物质形态。

危险物质的固有属性，特别是在重大事故场景中那些与放散行为有关的物质如分子质量和饱和蒸气压；

物质混合情况下的最大浓度。

对于第一小段落的目的，在适当情况下应该考虑危险物质容量和包装，尤其是在特定的欧盟立法提及的。

2. 如果一个成员国依据第一项的标准认为危险物质会产生重大事故危险，应当将支撑的理由包括第三款提到的信息告知委员会。

3. 对于第 1 条款和第 2 条款的目的，评估危险物质的健康、物理和环境危险特性的必要信息应当包括以下方面：

（a）一个评估危险物质对自然、健康或环境造成潜在的危害的综合属性表；

（b）物理和化学性质（例如分子质量，饱和蒸汽压，固有的毒性，沸点，反应性，黏度，溶解度和其他相关的属性）；

（c）健康和物理危害性能（例如反应性，易燃性，毒性和附加因素，如身体发作方式，伤害致死率，长期的影响和其他相关的属性）；

（d）环境危险属性（例如毒性，持久性，生物积累，远距离环境迁移潜力和其他相关的属性）；

（e）可用的物质或混合物联盟的分类；

（f）在危险物质的储存，使用和/或可能在可预见的异常操作的事件出现或如火灾等事故条件下，特殊物质操作条件信息（例如温度、压力以及其他相关条件）。

4. 继第 1 条款提到的评估，在适当的情况下，委员会向欧洲议会和理事会提出立法建议，以排除本指令范围内的危险物质。

条款 5

运营者的一般责任

1. 成员国应确保运营者有责任采取一切必要措施防止重大事故的发生，并限制其对人类健康和环境的危害的后果。

2. 会员国应确保被要求的运营者按照第 6 条款提到的向主管机关证明，在任何时候，尤其是在根据第 20 条所指的以检查和控制为目的，在本指令范围内经营者已经采取了一切必要的措施。

条款 6

主管机构

1. 在不影响运营者职责的情况下，成员国确定或任命主管机关或负责主管部门实施本指令规定的职责（主管机关），如有必要，团体在技术上协助主管部门。成员国设立或任命多个主管部门应确保其履行职责是充分协调的。

2. 主管机关和欧盟委员会在执行中应当配合以支持本指令的实施，包括适当的利益相关者。

3. 成员国应确保主管机关接受运营者基于其他相关欧盟立法提交的相同信息，从而满足本指令的目的。在这种情况下，主管机关应该确保本指令的要求得到执行。

条款 7

信息通知

1. 各成员国应要求运营者向主管机关发送包含以下信息的通知：

（a）运营者的名称或交易名称和企业的完整地址；

（b）完整的运营者注册地点；

（c）如果不同于（a）点，则应提供企业负责人的名字和职务；

（d）识别涉及或可能存在的危险物质和物质类别的充足信息；

（e）危险物质或与危险物质相关的数量和物理形态；

（f）设备或储存设施能动性或可动性；

（g）企业当前的环境，以及可能造成重大事故或加重后果的因素，其中包括周围企业的有效的详细信息，不包括在本指令范围内的部分，区域范围和发展可能是增加风险或重大事故后果以及多米诺效应的根源。

2. 通知或更新应在下列期限内送往主管机关：

（a）对于新的企业，在其开始建设或运转之前或其存在的危险物质变化之前的一个合理时限内；

（b）在所有其他情况下，从本指令开始实施之日起一年内。

3. 如果运营者在符合法律的要求下已经建立了 MAPP，并在 2015 年 6 月 1 日前提交给了主管机关，以及所涉及的信息符合第一款并保持不变，则第一条款和第二条款将不再适用。

4. 经营者应在下列事件前告知主管机关

（a）任何危险物质的量显著增加或减少，当前危险位置类型或物理形式显著的变化，如根据运营者依据第一段提供的信息所示或在使用过程中的重大变化；

（b）企业变更或装置的改变就重大事故而言可能会造成严重的结果；

（c）企业永久性的停运或退役；

（d）第一段（a）（b）（c）三点涉及的信息变化。

条款 8

重大事故的预防措施

1. 成员国应要求运营者起草一份展示了重大事故预防措施（MAPP）的书面文件，并确保它的正确实施。MAPP 的设计应确保人类健康和环境高水平的保护。对于重大事故危险应是适合的。它应包括运营者的总体目标和行动准则，角色和管理责任，以致力于持续改进重大事故危险的控制能力，确保高水平的保护。

2. 在国家法律的要求下制定 MAPP，并在下列期限内向主管机关提交。

（a）对于新企业，在其开始建设或运转之前或其存在的危险物质变化之前的一个合理时限内；

（b）在所有其他情况下，从本指令开始实施之日起一年内。

3. 如果运营者在符合法律的要求下已经建立了 MAPP，并在 2015 年 6 月 1 日前提交给了主管机关，其中包含的信息符合第一款并保持不变，则第一条款和第二条款的规定不适用。

4. 在不违背第 11 条款的前提下，运营者应定期评审 MAPP 且至少每 5 年进行必要的更新，凡在法律要求下的 MAPP 更新，应及时向主管机关提交。

5. 按附件Ⅲ，应通过适当的手段，结构和安全管理制度执行 MAPP，重大事故危险的比率应与组织的复杂程度或企业的活动相协调。对于小企业执行 MAPP 责任可以通过其他适当的手段、结构和管理系统来实现，重大事故危险的比例可以参考附件Ⅲ所列的原则。

条款 9

多米诺效应

1. 成员国应确保主管机关运用来自于运营者依据第 7 条款和第 10 条款的要求提交的信息，或者主管机关附加要求的信息或依据第 20 条款的核查所得的信息，识别所有小企业和大企业或公司团体的风险或重大事故的后果可能由于企业的地理位置和周围情况以及危险物质的增加而增加。

2. 运营者依照第 7 条款第 1 条（g）点向主管机关提供附加信息，如果对这一条的实施有必要的话，主管机关应当把这些信息提供给运营者。

3. 各成员国应确保企业的运营者依照第 1 条来识别以下几点：

（a）交流相关信息，能够让企业在他们的 MAPP（重大事故预防措施）、安全管理体系、安全报告以及内部应急预案中考虑重大事故所有危险类型和程度。

（b）配合通知本指令范围以外的公众以及邻近地区，且在主管机关制定外部应急预案时配合提供相关信息。

条款 10
安全报告

1. 各成员国要求高级公司的运营者制定安全报告时，要考虑以下目的：

（a）证明依照附件III中的资料，MAPP 以及安全管理系统在实施过程中是有效的；

（b）证明已经识别了重大事故的危险以及可能发生重大事故的情况，并在防止这些事故的发生和限制其对人类健康及环境的影响方面应急采取了必要措施；

（c）证明在企业内部产生重大危险事故环节的任何设施、储存设备、装置和与运行相关的基础设施的设计、安装和运行都是足够的安全和可靠的；

（d）证明已经起草了制定出内部应急预案及时，且向外部应急方案提供了相关信息；

（e）提供足够的信息给主管机关，使主管机关能够决定现有企业周围新活动或发展位置。

2. 安全报告中应至少包含附件II中所列的数据和信息。其中应包含参与起草报告的相关组织的名称。

3. 安全报告应在以下时限内送交主管机关：

（a）对于新企业，在其开始建设或运转之前或其存在的危险物质变化之前的一个合理时限内；

（b）对于现有的高层公司，在 2016 年 6 月 1 日前；

（c）对于其他的企业，从本指令开始实施之日起的两年内。

4. 如果 2015 年 6 月 1 日之前，运营者已经在国家法律的要求下将安全报告送至了相应主管机关，并且其中包含的信息符合第 1、2 条的规定保持不变，那么第 1、2、3 条规定不适用。为了符合第 1、2 条的规定，经营者应在第 3 条所说的时限内，将修改后的安全报告提交至主管机关。

5. 在不违背第 11 章规定的前提下，运营者应定期评审安全报告且至少每 5 年进行必要的更新。

在企业发生重大事故后，运营者需重新评审或更新他们的安全报告，在其他任何时间运营者主动或主管机关要求，用新证据或者关于安全问题的新技术知识，包括从事故分析得出的知识，尽可能地考虑险肇事故以及危险评估相关知识的发展证明安全报告的合理性。

最新的安全报告或其更新的部分应立即送至主管机关。

6. 在运营者开始建造和运营之前，或在本条款第 3 段（b）、（c）点及第 5 段提到的情况发生时，依照第 19 条款的规定，主管机关应在合理时间内给出所接收的安全报告的结论，或禁止企业使用或继续使用。

条款 11

企业装置或存储设施的变动

装置、企业、存储设施、过程变动，或者危险物质的量或自然、物理形态发生改变，对重大事故危险产生重要影响或者导致低层次企业变为高层次企业或高层次企业变为低层次企业，成员国应该确保运营商审核、必要时更新通知、MAPP、安全管理体系、安全报告，并且将这些修正的部分告知相应主管机关。

条款 12

应急预案

1. 成员国应保证所有高层次公司：

（a）运营者为其公司制定内部应急预案；

（b）运营者应向主管机关提供必要的信息，以便其制定外部应急预案；

（c）根据（b）点在受到运营者提供的必要信息的两年内，由成员国指定的机构制定外部应急预案。

2. 运营者在以下时限内遵守第一条（a）、（b）点的规定：

（a）对于新企业，在其开始建设或运转之前或其存在的危险物质变化之前的一个合理时限内；

（b）对于现有的高层次公司，在 2016 年 6 月 1 日前。除了在 2016 年 6 月 1 日之前在国家规定范围内已制定包含信息的内部应急预案，且信息符合第一条（b）点规定并保持不变；

（c）对于其他的企业，从本指令开始实施之日起的两年内。

3. 应急预案的制定应达到以下目标：

（a）遏制和控制事故，使其影响最小化，限制其对人体健康、环境、财产的损坏；

（b）实施必要措施，保护受重大事故影响的人类健康和环境；

（c）对公众公开必要信息且为相关区域提供服务；

（d）在重大事故发生后，对环境进行恢复以及清理。

应急预案应包含附件Ⅳ中信息。

4. 成员国应保证本指令中所规定的内部应急预案的制定是经过包括长期相关分包人在内的企业内部全体员工讨论的。

5. 当建立和更改外部应急预案时，成员国应保证公众能够容易地发表他们的意见。

6. 成员国应保证至少每三年对内部、外部应急预案进行评审和测试，在必要时由运营者和权威机构对其进行更新。评审应该考虑相关企业的变化，还要考虑应急服务机构，新的技术知识以及从重大事故响应知识。

在外部应急预案方面，各成员国应考虑在重大突发事件时民事援助保护方面加强合作的需要。

7. 各成员国应保证运营者在应急预案生效时便能够立即实行，并且当重大事故发生或在由于自然原因可能会导致重大事故发生的不受控制的事件发生时，保证应急预案在主管机关指导下立即付诸实施。

8. 通过安全报告提供的信息，主管机关可以做出相应的决议并要给出做出该决议的原因，但这不适用于第 1 条规定情况下外部应急预案的产生。

条款 13

土地利用规划

1. 各成员国应保证在其土地政策和相关其他政策中能够防止重大事故的发生及限制事故对人类健康和环境产生的后果的目标。通过下述控制方法达到这些目标：

（a）新企业的选址

（b）第 11 条款包括的企业变更

（c）包括运输路线、公共用地及公司附近居民用地等在内的新发展，可能是增加重大事故风险和后果的根源。

2. 各成员国应长期确保他们土地利用或者其他相关政策及执行这些政策的程序：

（a）本指令规定的企业与住宅区、公共建筑、公共场所、娱乐区保持适当安全距离，并保证主要运输路线尽可能地远离此类区域；

（b）通过适当安全距离或其他相关措施来保护特殊自然敏感区域及所影响到的企业附近区域。

（c）对于现有公司，依照第 5 章要求增加相应技术手段来降低对人类健康以及环境产生的危害的风险。

3. 各成员国应保证负责这些区域的所有主管机关及决策规划部门建立适当咨询程序，以便于第 1 条政策的实施。程序的设计应保证运营者提供企业产生风险的充分的信息以及应对风险的技术建议，可以是个案也可以是通用的建议。

各成员国应保证在主管机关要求下，低层次企业的运营者能够提供企业必需的土地利用规划产生的风险的充足信息。

4. 本条款第 1、2、3 段的要求不能违背 2011 年 12 月 13 日欧洲议会和理事会的 2011/92/EU 指令《关于某些公共和私人项目的环境影响评估》的规定及 2001 年 6 月 27 日欧洲议会和理事会的 2001/42/EC 指令《关于规划和方案环境影响评估》以及其他相关立法的规定。各成员国为履行本条要求及立法要求可以提供协调与连接程序，尤其要避免程序上的重复评估和诊断。

条款 14

信息公开

1. 各成员国应保证附件Ⅴ中的信息始终向公众公开，包括电子化。信息要始终保持更新，必要情况下包括第 11 条款中所述变更事件。

2. 各成员国也应保证高层次企业：

（a）以最适当的方式无条件地告知可能不断受到重大事故影响的所有人，在重大事故发生时安全方法和必要的行动的清楚的和可理解的信息；

（b）安全报告的公布应遵循第 22 条款第 3 段的要求，例如一份符合第 22 条款第 3 段的要求的非技术性总结报告，它就至少应包括有关重大事故隐患的信息以及重大事故对人类健康和环境潜在影响的信息；

（c）危险物质的库存量应按第 22 条款第 3 段要求提供给公众。

对于本条（a）点所要求提供的信息应至少包括附件Ⅴ中的信息。信息应当提供给包括学校、医院以及第 9 条款中提及的企业附近的所有建筑和公共场所。各成员国应保证至少每五年便对这些信息进行修正，并对包括第 11 条款中所述修改事件的所有信息进行必要的更新。

3. 就那些可能会产生跨界影响的重大事故的高层次企业，成员国提供足够的信息给可能受到影响的成员国，以便受影响的成员国能够依照第 12、13 条款所有相关规定做出相应的应对措施。

4. 有关成员国已决定一个企业邻近其他成员国领域，并依照第 12 条款第 8 条的要求，该公司并没有重大事故危险，那么它便不需要依照第 12 条款第 1 段要求来制定外部应急预案，并应告知其他成员国其做出决策的理由。

条款 15

决策方面的公共咨询与参与

1. 成员国应确保公众关注有机会及早给予其特定个别项目有关的意见：

（a）依第 13 条款所规划新的新企业；

（b）第 11 条款所述的企业的重大改变，这些改变同时应符合第 13 条款的规定；

（c）第 13 条款所述的企业的选址或发展可能增加重大事故的风险或后果。

2. 对于第 1 段所述的具体的单个项目，公众应能够通过包括电子媒体在内的任一公告形式，在下述事件被做出决策的早期得到下述事件相关的信息：

（a）具体项目的主题；

（b）证明项目是属于一个国家还是属于跨界的环境影响评价，或是依照第 14 章第 3 条的成员国之间的协商；

（c）详述负责决策的主管机关得到的相关信息以及对其发表的意见或提出的问题，并详述传达这些意见或问题的时间明细；

（d）该决议可能性质的决议草案；

（e）时间或地点指示，可用的相关信息；

（f）依照本条款第 7 段详述公众参与及协商的具体安排。

3. 对于第 1 段所述的具体的单个项目，成员国应保证在适当的时限内向公众提供下述相关信息：

（a）依照国家法律，向主管机关提交主要的报告和建议时也要依照第 2 条将这些报告和建议告知公众；

（b）依照 2003 年 1 月 23 日欧洲议会和理事会 2003/4/EC 指令的规定做出的关于公众获取环境情况信息，这些信息不仅要与本章第 2 条中相关决议相符合，也要在它被公众获悉之后依照本条对它进行执行。

4. 成员国应保证在依照第 1 段对一个具体项目做出决议之前，公众可以向主管机关提交相关意见，并要依照第 1 段的规定参考这些意见做出决议。

5. 各成员国应保证主管机关向公众提供下述相关决议：

（a）决议的内容以及做出该决议的原因，同时要包括任何后续的更新；

（b）在决议做出之前的协商结果以及他们是如何就该决议做出考虑的。

6. 一般的方案或程序依照第 1 段（a）、（c）点正常进行时，各成员国应保证公众依照欧洲议会和理事会于 2003 年 3 月 26 日 2003/35/EC 指令第 2 条款第 2 段关于公众参与起草与环境相关计划和项目规定，能够尽早和有效的参与项目的准备、修改及评审过程。

各成员国应保证公众能够在法律规定下参与到包括非政府组织在内的相关规定中去，如促进环境保护的规定。

此条款不适用于在 2001/42/E 指令下执行的计划或项目的公众参与程序。

7. 成员国应该决定关于通知公众和商讨公众关注的详细安排。

对于不同阶段合理的时间框架应该提供允许有充足的时间通知公众并且使公众有时间准备，使公众积极有效地参与到本条款的环境决策中来。

条款 16

经营者应提供的信息及在出现重大事故后应采取的措施

成员国应要保证重大事故发生后采取的措施更加切实可行，而且运营商需要采取最合适的手段：

（a）通知主管机关；

（b）尽快提供有关主管机关如下信息：

i 事故的情况

ii 涉及的危险物质；

iii 评价事故对人体健康、环境状况及财产影响的可用信息；

iv 采取的应急措施。

（c）通知有关主管机关下一步需要采取的措施：

i 减轻这个事故的中长期影响；

ii 防止此类事故的再次发生。

（d）如果进一步调查揭示了更多的事实并且改变了结论，那么就需要更新这些信息。

条款 17

重大事故发生后主管机构应该采取的措施

出现重大事故后，成员国应该要求主管机关：

（a）确保立即采取任何被证明是有效的紧急的、中期和长期的措施；

（b）通过调查研究或者其他合适的方法收集信息，用来对事故进行技术、组织、管理方面的全面分析；

（c）采取合适的措施确保运营者采取必要的补救措施；

（d）对未来预防措施提出建议；

（e）通知事故发生地可能受到影响的人们，并通过采取措施减轻事故后果。

条款 18

重大事故发生后成员国应该提供的信息

1. 为了达到阻止事故发生或者减轻事故的影响的目的，成员国应该通知符合附件Ⅵ的条件且发生在该国境内重大事故委员，成员国应提供包括以下详细信息。

（a）成员国负责报告的主管机关机构的名称和地址；

（b）事故发生日期、时间和地点，包括运营者的全称以及相关企业地址；

（c）简要描述事故发生的情况，包括涉及的危险物质以及对人体健康及环境造成的当前影响；

（d）简要描述采取的应急措施以及立刻采取必要的预防措施以防二次事故的发生；

（e）事故的分析结果和建议。

2. 本条文的第一段涉及尽可能切实可行的且事故发生一年内的最新信息，可以使用第 21 条款第 4 段推荐的数据库。第 1 条款第 4 段提到的初始信息，应包括在数据库当中，且应在时间限制范围之中。一旦有进一步的可用研究分析结构或者建议，应及时更新初始信息。

为了完成审批程序，成员国可以推迟第 1 条款当中的第 5 段涉及的报告信息，因为这些类似的报告都会影响这些程序。

3. 为了成员国能够提供条文第 1 条款涉及的信息，根据第 21 条款第 4 段提到的检查程序以采用的实施法令的形式制定了报告格式。

4. 成员国需要通知委员会有关重大事故相关人员的名字与住址以及建议其他成员国的有关机构参与到相关事故的处理当中来。

条款 19

禁止使用

1. 成员国需要禁止运营者在预防或减轻重大危害的过程中使用那些具有明显缺陷设备、安装装置以及储存设施等其他设备。最后，成员国尤其在检查报告中采取必要的措施识别严重的失效。

如果运营者没有按照指令规定的特定时期之内递交通知、报告或者其他信息，那么成员国就应该禁止运营者使用任何设备、装置或者储存设备等其他设备。

2. 成员国应确保运营者在第 1 段的范围内根据国家法律和程序向有关主管机关提出申诉。

条款 20

检查

1. 成员国应该保证主管机关建立一个检查系统。

2. 检查应该适合相关企业的类型，可以是计划、组织和管理类型的一种。他们不应该依靠安全报道或者任何其他递交的报告。企业应该采用计划和系统的检查系统，以确保特别在：

（a）运营者能够证明他已经采取了合适的措施，并结合不同的活动来预防重大事故的发生；

（b）运营者能够证明提出了合适的方法来限制现场的或非现场的重大事故的后果；

（c）安全报告或者其他报告中包含的信息和数据必须能够充分反映公司的状况。

（d）根据第 14 条款已经提供给公众相关信息。

3. 成员国应该确保国家的、区域的或者地方机构的检查计划中包含了所有的企业，并且确保定期的评估处理计划，在适当的地方进行更新。

每一个检查计划应包括以下几个方面：

（a）对相关安全问题的总体评价；

（b）检查计划中包括的地理区域；

（c）计划包括的企业清单；

（d）根据第19条款可能产生多米诺效应的一系列公司清单；

（e）那些有特定的外部风险或者危险源能够增加重大事故风险和后果的企业清单；

（f）例行检查的计划，包括第4条款提到的检查计划；

（g）第6段提及的非例行检查程序；

（h）不同的检查机构共同采用的规定条款。

4. 根据第3段提到的检查计划，主管机关应按时起草对所有企业的常规检查计划，包括对不同的企业进行现场检查的频率。

对高层次企业进行连续的两次现场检查的周期不能超过一年，而对于低层次的公司不能超过三年，除非主管机关已经根据重大事故危险的系统评价体系为相关企业制定了检查计划。

5. 企业的危险的系统评价应至少根据下列条件：

（a）企业对人体健康或者环境造成的潜在影响；

（b）遵守本指令要求的记录。

在合适的地方，也应考虑其他联邦法律条件下执行的相关检查。

6. 为了调查严重的控诉、严重和险肇事故、事件以及不符合事件需尽快采取非常规检查。

7. 每一次检查后四个月，主管机关需要告知运营者检查结论以及需要采取的所有必要措施。主管机关需要确保经营者在接到报告之后的合理时间之内采取了所有必要的处理措施。

8. 如果对一个重要事件的检查不符合这个指令的要求，那么则需要在六个月之内对其追加检查。

9. 调查如果可能的话需要同其他国家法律的调查相结合，并尽可能的协调操作。

10. 成员国应该鼓励主管机关提供经验交流及知识巩固机制以及方法，在合适的地方与欧盟范围内分享此机制。

11. 成员国应确保运营者为主管机关顺利进行检查以及获得指令要求获取的信息而提供必要的帮助。特别是在当主管机关全面评价发生重大事故的可能性以及重大事故加剧的可能性范围，制定一个应急预案并考虑到相关物质的物理形态、特殊条件和位置的时候。

条款 21

信息系统和信息交换

1. 成员国和委员会应该就关于预防重大事故和限制事故后果的经验开展信息交流，特别需要包含本指令中提到的措施作用的信息。

2. 截至2019年9月30日之前，成员国需要在每四年之内向委员会提交一份有关于本指令的实施报告。

3. 关于指令所涉及的企业，成员国需要向委员会提供以下信息：

（a）运营者的名称或交易名称，公司的所有地址信息；

（b）公司所有活动、运转情况。

委员会需要建立和定期更新包括成员国提供的信息的数据库，能够进入数据库的人需经过委员会或者成员国相关机构的授权。

4. 委员会需要建立并处理成员国数据库的内容，特别是发生在成员国领土之内的重大事故的详细信息。

（a）主管机关应迅速传播成员国参照第 18 条款第 1 段和第 2 段提供的信息；

（b）向各主管机关分发重大事故原因的分析和事故教训；

（c）向主管机关提供预防措施的信息；

（d）组织的信息条例能够为重大事故的发生、预防和减弱提供相关信息或建议。

5. 委员会应在 2015 年 1 月 1 日之前，采取执行法案来建立一个信息交流模式，用来交流本条款第 2 段和第 3 段涉及的来自成员国信息以及第 3 段、第 4 段涉及的相关数据库信息。这些执行法案应该根据第二十七章第 2 条的检查程序来进行。

6. 第 4 段提及的数据库应该至少包括以下信息：

（a）成员国根据第 18 条款第 1、2 段提供的信息；

（b）事故原因的分析；

（c）事故教训；

（d）必要的预防措施以防止事故再次发生。

7. 委员会应该向公众公开非保密信息。

条款 22

信息的保密事项

1. 成员国应确保信息的透明度，主管机关根据本指令要求公开相关信息，且保证信息能够被 2003/4/EC 指令中提到的任何自然人或法人查到。

2. 任何信息的披露需要符合本指令的规定，包括第 14 条款的规定，也许之前主管机关会根据 2003/4/EC 指令的第 4 条款拒绝或限制信息的披露，但现在这个已经被允许了。

3. 如果运营商依据2003/4/EC指令第4条款提及的原因要求不公开安全报告的特定部分或者危险物质名录，主管机关拒绝披露第 14 条款第 2 段（b）点和（c）点涉及的完整信息与本条款第 2 段不矛盾。

主管机关用同样的原因决定不公开报告或名录的特定部分。因为这样的原因，且主管机关批准的情况下，运营者向主管机关提供去除那些部分的报告和名录。

条款 23

接受审议

成员国应确保：

（a）根据本指令第 14 条款第 2 段的（b）点或（c）点或第 22 条款第 2 段涉及的任何申请信息能够被审议。审议应与 2003/4/EC 指令中第 6 条款的法令或和主管机关相关要求的部分相符合。

（b）根据各自国家的法律系统，公众可以依据 2011/92EC 指令第 11 条款设定的审查程序对本指令第 15 条款第 1 段的要求对事例进行审查。

条款 24

指导

委员会应设定一个安全距离和多米诺效应的指导条例。

条款 25

附件修改

授权委员会根据第 26 条款规定采用法律授权改编附件Ⅱ到附件Ⅳ以适应技术的发展。

改编不会导致本指令规定的成员国及运营者的责任发生实质的改变。

条款 26

代表的培训

1. 代表的权力是委员会根据本指令中规定而制定。

2. 代表实施权力应根据条款 25 要求，从 2012 年 8 月 13 日算起，并且要在五年之内限期实施，委员会应制定一个报告关于代表权力不迟于这五年期限末的九个月，代表的权力期限应该延长，除非欧洲议会或者委员会在这个任期的最后四个月之前反对延长。

3. 根据条款 25 授予代表权力可以被欧洲议会或国会在任一时期撤销，撤销代表权力的详细说明应加在决定的详细说明中，决定于随后公布的欧洲国家期刊而生效或是在决定的详细说明发布后不久生效。它不会影响代表之前所作的法令的有效性。

4. 一旦批准授权，委员会需要同时通知欧洲议会及欧盟委员会。

5. 代表根据条款 25 采取的措施只要欧洲议会或国会在通知措施决定的两个月之内设有反对或者欧洲议会或国会告知委员会不反对的情况即生效。欧洲议会或国会可要求延长两个月的决定期限。

条款 27

委员会程序

1. 96/82/EC 指令成立的委员会应该协助本委员会，该委员会是符合欧盟第 182/2011 号规章意义的委员会。

2. 本段应该参考欧盟第 182/2011 规章中第 5 条款。

条款 28

处罚

成员国应确定根据本指令而违反国家规定的处罚，提出的处罚应有效、适度和具劝阻性的。成员国应在 2015 年 6 月 1 日前将这些规定通知委员会以免影响到任何后续修正案。

条款 29

报告和审查

1. 截止到 2020 年 9 月 30 日，此后每隔四年，委员会在成员国根据第 18 条例和第 21 条例第 2 段提交的信息以及第 21 条例第 3 段和第 4 段涉及的数据库中的信息基础上，执行条例 4 时应提交给欧洲议会和理事会一份关于本指令执行情况和有效运作的报告。报告应包括此指令在执行过程中发生的重大事故及其潜在影响的信息。委员会应首先对此报告进行评估并确定是否需要对此指令的适用范围进行修改。在适当的情况下，任何报告都可附有一项立法建议。

2. 在有关联盟立法方面，委员会可能审查需要讨论与重大事故有关的运营者的财务责任问题，包括有关保险的问题。

条款 30

96/82/EC 指令的修订

在 96/82/EC 指令附件 I 第一部分将词条“重燃料油”添加到石油产品的头条。

条款 31

信息交换

1. 各成员国应使符合本指令的相关法律、法规和行政规定自 2015 年 5 月 31 日起生效，2015 年 6 月 1 日起实施。

尽管第一分段，各成员国应使符合本指令条例 30 的相关法律、法规和行政规定自 2014 年 2 月 14 日起生效，2014 年 2 月 15 日起实施。

他们应提前向委员会呈交这些条款的文本。

当成员国采用这些规定时，它们应参考此指令或附有参考在其官方出版物中的理由，成员国应确定需要参考文献的数量。

2. 各成员国应向委员会通报他们所采纳本指令涵盖领域的国家法律的主要条款的文本。

条款 32

废除

1. 自 2015 年 6 月 1 日起 96/82/EC 指令废止。

2. 对废止指令的引用可解释为对该指令的引用，可阅读附件Ⅶ中相关列表。

条款 33

生效

此指令自其在欧盟官方公报中发布后的第二十天起生效。

条款 34

适用对象

此指令适用于各成员国。

2012 年 7 月 4 日，制定于斯特拉斯堡

欧洲议会 理事会

主席 主席

M.舒尔茨 A.D.马夫

附件清单

附件Ⅰ 危险物质

附件Ⅱ 条款 10 中提到的安全报告中应考虑的最低限值和信息

附件Ⅲ 条款 8（5）和条款 10 中关于安全管理制度和企业组织机构的设立目的等预防重大事故的信息

附件Ⅳ 条款 12 提到的应急预案应包含的数据和信息

附件Ⅴ 条款 14（1）和条款 14（2）的（a）款规定应向公众公开的信息

附件Ⅵ 条款 18（1）规定应向委员会通报的重大事故标准

附件Ⅶ 相关表格

附件Ⅰ

危险物质

附件Ⅰ第一部分的第 1 列按照危害类分别列出了危险物质名单，第 2 列和第 3 列列出了其阈限量。

附录Ⅰ第一部分列出的危险物质在第二部分也列出了，那么应使用第二部分第 2 列和第 3 列列出的阈限量。

第一部分

危险物质类别

这一部分的第 1 列按照危险类别列出了所有的危险物质

第 1 列	第 2 列	第 3 列
条例（EC）No 1272/2008 规定的危险类别	条例 3（10）规定的危险物质的适用阈限量（t）	
	低层要求	高层要求
“H”— 健康危险		
H1 急性毒性 类别 1，所有暴露途径	5	20
H2 急性毒性 ➢ 类别 2，所有暴露途径 — 类别 3，吸入暴露途径（见注 7）	50	200
H3 STOT 特异性靶器官 — 单次接触 STOT SE 类别 1	50	200
“P”— 物理危害		
P1a 爆炸物（见注 8） ➢ 不稳定的爆炸物 ➢ 爆炸物，1.1、1.2、1.3、1.5 或 1.6 类物质，或 ➢ 根据条例（EC）No 440/2008-A.14 的分类方法具有爆炸性的物质或混合物（见注 9）和不属于危险类的有机过氧化物或自反应物质和混合物	10	50
P1b 爆炸物（见注 8） 爆炸物，1.4 类物质或制剂（见注 10）	50	200
P2 易燃气体 易燃气体，类别 1 或 2	10	50
P3a 可燃雾剂（见注 11.1）易燃气溶胶类别 1 或 2，含易燃气体类别 1 或 2 或易燃液体类别 1	150（净额）	500（净额）
P3b 可燃雾剂（见注 11.1）易燃气溶胶类别 1 或 2，不含易燃气体类别 1 或 2，也不含易燃液体类别 1（见注 11.2）	5 000（净额）	50 000（净额）
P4 氧化性气体 氧化性气体，类别 1	50	200
P5a 易燃液体 ➢ 易燃液体，类别 1 ➢ 易燃液体类别 2 或 3 保持在高于其沸点温度 ➢ 闪点 ≤ 60℃，保持在高于其沸点温度的其他液体（见注 12）	10	50

第 1 列	第 2 列	第 3 列
P5b 易燃液体 ➢ 易燃液体类别 2 或 3 在特定的加工条件下，如高压或高温，可产生重大事故危害，或 ➢ 闪点 ≤ 60℃ 在特定的加工条件下，如高压或高温，可产生重大事故危害的其他液体（见注 12）	50	200
P5c 易燃液体 易燃液体，类别 2 或 3 P5a 和 P5b 未涵盖的	5 000	50 000
P6a 自反应物质、混合物和有机过氧化物 A 型或 B 型的自反应物质和混合物或类型 A 或 B 的有机过氧化物	10	50
P6b 自反应物质、混合物和有机过氧化物 自反应物质和混合物，C、D、E 或 F 型 或有机过氧化物，C、D、E 或 F 型	50	200
P7 发火液体和固体 发火液体，类别 1 发火固体，类别 1	50	200
P8 氧化性液体和固体 氧化性液体，类别 1、2 或 3 氧化性固体，类别 1、2 或 3	50	200
“E”部分— 环境危害		
E1 危害水生环境中急性 1 或慢性 1 类别	100	200
E2 危害水生环境中慢性 2 类别	200	500
“O”— 其他危害		
O1 物质或混合物的危险说明 EUH014	100	500
O2 遇水放出易燃气体的物质和混合物，类别 1	100	500
O3 物质或混合物的危险说明 EUH029	50	200

第二部分

危险物质名单

第 1 列	CAS 登记号	第 2 列	第 3 列
危险物质		阈限量（t）	
		较低要求	较高要求
1. 硝酸铵（见注 13）	—	5 000	10 000
2. 硝酸铵（见注 14）	—	1 250	5 000
3. 硝酸铵 （见注 15）	—	350	2 500
4. 硝酸铵 （见注 16）	—	10	50

第 1 列	CAS 登记号	第 2 列	第 3 列
危险物质		阈限量（t）	
5. 硝酸钾 （见注 17）	—	5 000	10 000
6. 硝酸钾 （见注 18）	—	1 250	5 000
7. 五氧化二砷、砷酸盐	1303-28-2	1	2
8. 三氧化二砷、亚砷酸盐	1327-53-3		0.1
9. 溴	7726-95-6	20	100
10. 氯	7782-50-5	10	25
11. 镍化合物粉末（一氧化镍、二氧化镍、硫化镍、三硫化三镍、三氧化二镍）	—		1
12. 氮丙啶	151-56-4	10	20
13. 氟	7782-41-4	10	20
14. 甲醛（浓度 ≥ 90%）	50-00-0	5	50
15. 氢气	1333-74-0	5	50
16. 氯化氢（液化气体）	7647-01-0	25	250
17. 烷基铅	—	5	50
18. 极易燃液化气体（包括液化石油气和天然气）（见注 19）	—	50	200
19. 乙炔	74-86-2	5	50
20. 环氧乙烷	75-21-8	5	50
21. 环氧丙烷	75-56-9	5	50
22. 甲醇	67-56-1	500	5 000
23. 4,4′-亚甲基双（2-氯苯胺）	101-14-4		0.01
24. 甲基异氰酸酯	624-83-9		0.15
25. 氧	7782-44-7	200	2 000
26. 2,4-甲苯二异氰酸酯 2,6-甲苯二异氰酸酯	584-84-9 91-08-7	10	100
27. 碳酰二氯（光气）	75-44-5	0.3	0.75
28. 三氢砷化（砷化三氢）	7784-42-1	0.2	1
29. 磷化氢	7803-51-2	0.2	1
30. 二氯化硫	10545-99-0		1
31. 三氧化硫	7446-11-9	15	75
32. 多氯代二苯并呋喃和多氯联苯（包括二噁烷），二噁烷当量计算（见注 20）	—		0.001
33. 以下致癌物或者包含致癌物质量浓度高于 5%的混合物： 4-氨基联苯和/或它的盐类，三氯甲苯，对二氨二苯和/或它的盐类，二氯甲基醚，氯甲基甲醚，1,2-二溴乙烷，硫酸二乙酯，硫酸二甲	—	0.5	2

第1列	CAS登记号	第2列	第3列
危险物质		阈限量（t）	
酯，二甲氨基甲酰氯，1,2-二溴-3-氯丙烷，1,2-二甲基肼，二甲基亚硝胺，六甲基磷酸三酰胺，联氨，2-萘胺和/或它的盐类，4-硝基联苯和1,3-丙磺酸内酯			
34. 石油产品和替代燃料 （a）汽油和石脑油， （b）煤油（包括喷气燃料）， （c）瓦斯油（包括柴油，取暖油和油气混合流）， （d）重燃油， （e）服务于相同的目的和类似的性能方面的易燃性和环境危害如提到的产品（a）到（d）的替代燃料	—	2 500	25 000
35. 无水氨	7664-41-7	50	200
36. 三氟化硼	7637-07-2	5	20
37. 硫化氢	7783-06-4	5	20
38. 哌啶	110-89-4	50	200
39. 五甲基二乙烯三胺	3030-47-5	50	200
40. 2-乙基己氧基丙胺	5397-31-9	50	200
41. 分类为水生生物急性1级[H400]含有小于5%活性氯的次氯酸盐的混合物和未分类的低于附件I的第一部分的其他危险种类		200	500
42. 正丙胺	107-10-8	500	2 000
43. 丙烯酸叔丁酯	1663-39-4	200	500
44. 2-甲基-3-丁烯腈	16529-56-9	500	2 000
45. 3,5-二甲基-1,3,5-噻二嗪-2-硫酮	533-74-4	100	200
46. 丙烯酸甲酯	96-33-3	500	2 000
47. 3-甲基吡啶	108-99-6	500	2 000
48. 1-溴-3-氯丙烷	109-70-6	500	2 000

附件I 注释

1. 物质和混合物的分类依照欧盟第1272/2008号法规。

2. 在欧盟1272/2008号法规规定或者其最适于科技进步的和它们的特性相关的浓度限内，混合物和纯净物要求应该一样，除非有特别说明的成分百分比或者其他说明。

3. 达标量应高于相关的每一个公司。

相关规定的量就是最大的量，在任一的时间都是现行的或者极可能是现行的。现在企业的危险物达标量小于等于相关标准的 2%，如果危险物在企业和他们的地区不引发重大事故，为了计算的总数量，危险物应该被忽略。

4. 以下关于控制危险物的增加和种类的规定应该被用到合适的地方：

就一个企业而言，如果不存在特别的危险物的量大于等于相关标准，下列规定应该被应用到决定是否这个企业符合指令的相关要求。

这个指令应当应用到上层的企业，如果总和：

$q_1/Q_{U1}+q_2/Q_{U2}+q_3/Q_{U3}+q_4/Q_{U4}+q_5/Q_{U5}+\cdots\geqslant 1$。

q_x为危险物的量 x（或者危险物种类）符合附件 I 的第一部分和第二部分。

Q_{UX}为危险物的相关限制量或者从附件 I 第 3 列第一部分或者从第 3 列第二部分分类 X。

这个指令应当应用到下层的企业，如果总和：

$q_1/Q_{L1}+q_2/Q_{L2}+q_3/Q_{L3}+q_4/Q_{L4}+q_5/Q_{L5}+\cdots\geqslant 1$。

q_x为危险物的量 x（或者危险物种类）符合附件 I 的第一部分和第二部分。

Q_{LX}为危险物的相关限制量或者从附件 I 第 3 列第一部分或者从第 3 列第二部分分类 X 这个规定被用来评估健康危害，物质危害和环境危害。因此它必须用三次：

（a）对于危险物的增加列于在急性毒性种类 1，2 或者 3 或者 STOT SE 1 的第二部分和在 H 部分的危险物一样，见第一部分的 H1 到 H3。

（b）部分 2 中增加的危险物是爆炸物，易燃气体，易燃气溶胶，氧化气体，易燃液体，自我反应物质和混合物，有机过氧化物，自然液体和固体，氧化性液体和固体和危险物一样列入 P 部分，见第一部分 P1 到 P8。

（c）在对于急性水生环境不利的种类 1 和慢性种类 1，2 中的部分 2 中增加的危险物，一起和危险物列入 E 部分，见部分 E1 和 E2。

指令的相关规定应用到任何（a）、（b）、（c）之和大于等于 1 的地方。

5. 至于欧盟 No. 1272/2008 号规定没规定的危险物，包括废物，但仍然存在，或很可能存在，一个企业中有或很可能有，在企业存在的情况下，在重大事故隐患的等效性，暂时应当被分配到指令里最相似的种类或已命名的危险物中。

6. 对于危险物质性能产生一个以上的分类时，本指令应适用最低限值。然而，对注 4 规则的应用，在注释 4 类（一），4（b）和 4（c）里每一组分类最低限值对应的分类应该被应用。

7. 危险物质属于急性毒性分类 3 级通过口服途径（H301）必加入 H2 急性毒性，在这些情况下，既不是急性吸入毒性分类也不是急性皮肤毒性分类可以得到，例如由于缺乏确凿的吸入和皮肤毒性数据。

8. 危险爆炸物分级包括爆炸物品（见附件一第 2.1 节的规定（EC）1272 / 2008 号）。在这个条款中如果爆炸物或混合物点的质量是已知的，这个指令应该考虑质量。在这个指令中爆炸物或混合物的质量是不知道的，那么对本指令的目的，全条款应该以爆炸性对待。

9. 根据附件Ⅵ，对物质和混合物的爆炸特性测试是必要的筛选程序，关于危险货物运输的联合国建议 3 部分，人工测试和标准鉴别有爆炸性潜力的物质或者混合物(试验和标准手册(联合国)。

10. 如果 1.4 区的炸药未包装或重新包装的，应当分配给 P1A，按照欧盟 1272/2008 号规定除非风险仍然符合 1.4 区。

11.1 易燃气雾剂的分类与 1975 年 5 月 20 日理事会指令 75/324/EEC 关于成员国相关喷雾器分类的相似法律一致（喷雾器指令）。75/324/EEC 指令中的极易燃和可燃的气溶胶对应于易燃气雾剂 1 类或欧盟 1272/2008 号规定。

11.2 为了用这个条目，必须出示相关证明喷雾器分配器不包含依然其他分类 1 或 2 也不在易燃液体分类 1 中。

12. 根据第 2.6.4.5 附件 I 中的欧盟 1272/2008 号规定，如果负面结果不包含可持续燃烧检测 L.2.部分 iii 欧盟人工街车标准部分，随着越来越多的闪点液体超过 35℃不需要存在在 3 类区，然而在如高温度或压力条件下提高是无效的，因此这些液体都包括在这项。

13. 硝酸铵（5 000/10 000）：硝铵化肥。

这适用于硝酸铵基化合物/复合肥料（化合物/复合肥料含有磷酸盐和/或钾硝酸铵），根据联合国低气压检测（见试验和标准手册，联合国第三部分，第 38.2 条），氮是硝酸胺的一个结果

——在 15.75%和 24.5%之间，要么不超过 0.4%的总可燃/有机材料或履行欧盟 2003/2003 号规定的附件Ⅲ和欧洲议会和有关化肥理事会的要求。

——15.75%或更少的和不受限制的可燃材料。

14. 硝酸铵（1 250/5 000）：肥料级。

——这适用于纯硝酸铵为基础的肥料和硝酸铵基化合物/复合材料肥料履行欧盟 2003 / 2003 号规定附件Ⅲ的要求，其中氮作为硝酸铵一个结果；

——按质量超过 24.5%，除硝酸铵基花费的混合物和白云石，石灰石和/或碳酸钙的纯度至少 90%；

——超过 15.75%的混合物，硝酸铵，硫酸铵；

——超过 28%重量的混合物的纯硝酸铵为基础的肥料与白云石，石灰石和/或碳酸钙纯度至少为 90%。

15. 硝酸铵（350/2，500）：技术等级。

这适用于硝酸铵和硝酸铵的混合物，其中硝酸铵中氮的含量。

——24%和28%重量之间，且含有不超过0.4%可燃物质；

——超过28%的重量，并含有不超过0.2%的可燃物质。

它也适用于硝酸铵水溶液中硝酸铵的浓度超过80%的重量。

16. 硝酸铵（10/50）：材料的规格和肥料不能满足爆炸试验。

这个应用到

——在制造过程中，硝酸铵和硝酸铵的混合物，纯硝酸铵基肥料和铵硝酸盐基化合物/复合肥料的材料驳回注释14及注释15所述，正在或已经从最终用户回到一个制造商，临时储存或再处理工厂进行再加工，循环再造或安全使用处理，因为他们不再符合规范注释14和注释15；

——注释13和注释14到附加物的附录不满足附件Ⅲ法规欧盟2003/2003号规定要求第一个契约提及的化肥。

17. 硝酸钾（5 000/10 000）

这适用于那些复合硝酸钾的肥料（在颗粒/颗粒形式）具有和纯硝酸钾相同的危险性质。

18. 硝酸钾（1 250/5 000）

适用于那些复合型硝酸钾的基础肥料（以晶体形式），它和纯硝酸钾具有相同的危险性。

19. 升级的沼气

为了达到执行本指令的目的，在条目18下附件Ⅰ的第二部分升级的沼气可被分类，它的加工是根据纯化升级的沼气标可用水平确保提升质量等同于天然气，包括甲烷的含量，并最多只能含1%的氧。

20. 多氯联苯呋喃和多氯联苯—二噁英

多氯联苯呋喃和多氯联苯—二噁英的质量计算考虑以下因素：

WHO 2005 TEF			
2,3,7,8-TCDD	1	2,3,7,8-TCDF	0.1
1,2,3,7,8-PeCDD	1	2,3,4,7,8-PeCDF	0.3
		1,2,3,7,8-PeCDF	0.03
1,2,3,4,7,8-HxCDD	0.1		
1,2,3,6,7,8-HxCDD	0.1	1,2,3,4,7,8-HxCDF	0.1
1,2,3,7,8,9-HxCDD	0.1	1,2,3,7,8,9-HxCDF	0.1
		1,2,3,6,7,8-HxCDF	0.1
1,2,3,4,6,7,8-HpCDD	0.01	2,3,4,6,7,8-HxCDF	0.1
OCDD	0.000 3	1,2,3,4,6,7,8-HpCDF	0.01
		1,2,3,4,7,8,9-HpCDF	0.01
		OCDF	0.000 3
（T＝ 四，P＝ 五，Hx＝ 六，Hp＝ 七，O＝ 八）			
参考Van den Berg等：2005世界卫生组织重新评价人类和哺乳动物二噁英和二噁英类化合物的毒性当量因子			

21. 在这种情况下，危险物质属于5a类易燃液体或5b类易燃液体，对于本指令的最低限值的要求均适用。

附件Ⅱ
在第10条款中所提及的安全报告中最低限度的资料和信息

1. 关于企业对重大事故观点的管理系统和组织结构的信息。

此信息应包含在附件Ⅲ中表明的元素。

2. 企业的环境报告：

（a）企业环境描述，包括地理位置、气象、地质、水文条件，如果必要的话，还包括它的过去情况；

（b）识别能出现重大事故危险的装置或企业的其他活动；

（c）在可利用信息的基础上，对邻近企业进行识别，以及属于本指令范围外的场所，区域范围和发展可能是增加风险或重大事故后果以及多米诺效应的根源；

（d）描述可能发生重大事故的区域。

3. 装置说明：

（a）从安全的角度出发，描述企业主要活动和产品，重大事故风险根源和重大事故发生的条件，以及相应的预防措施；

（b）过程描述，特别是操作方法；在适用的情况下，考虑现有的最佳实践信息；

（c）危险物质的描述：

（i）危险物质清单，包括：

——危险物质识别：化学名称，CAS号，根据IUPAC命名系统的名称；

——危险物质的存在或可能存在的最大数量。

（ii）物理、化学、毒理学特性以代表的危险，包括直接和延迟的对人类健康和环境的损害；

（iii）在正常使用条件下或可预见的意外情况下的物理反应和化学反应。

4. 意外风险识别与分析及预防措施：

（a）详细描述可能发生的重大事故情景，事故发生概率及条件。包括事件发生的概述、事故发生不同情境的促发因素、内部或外部的装备引起事故的原因；特别包括：

（i）操作原因

（ii）外部原因，例如多米诺效应，超出本指令范围的场所，区域和发展，这些都可能是重大事故发生及增加事故风险及后果的根源；

（iii）自然因素，如地震或洪水。

（b）重大事故的程度评估和确定事故后果严重度，包括对其地图、图像或其他等量描述，展示出企业内部可能受此事故的地区；

（c）回顾过去具有相同物质和工艺过程的事故和事件，从这些事件中吸取教训，详述预防此类事故应采取的具体措施；

（d）安全装置的技术参数和设备使用的描述。

5. 限制重大事故后果的保护和干预措施：

（a）描述工厂设备安装，用于限制重大事故后果对人类健康和环境的影响，例如包括检测/保护系统，用于限制意外释放量的技术设备，包括水蒸气喷雾；水蒸气屏；应急罐或收集容器；截止阀；失活的系统；消防用水等；

（b）警报和干预系统；

（c）内部或外部资源和移动资源的描述；

（d）降低重大事故影响的技术和非技术措施的描述。

附件III

第 8（5）条款和第 10 条款对安全管理体系，为预防重大事故而建立的安全管理体系和企业组织结构信息

为执行运营者安全管理系统的目的，应考虑以下要素：

（a）基于风险评估，企业安全管理体系应当与危险，工业活动和企业机构的复杂性相称；它应该包括部分综合管理系统，包含有组织结构，职责，惯例，程序，过程和资源的确定以及实施重大事故预防政策（MAPP）；

（b）下列事项应当由安全管理系统解决：

（i）组织和人员——机构中涉及重大危险管理的员工的任务和职责，以及措施方法都有持续改进的必要。识别和鉴定这样的人才培训需求。员工参与和企业内作业的分包人员对于安全都是非常重要的。

（ii）重大危险源的辨识和评估——采用和实施程序系统地辨识由正常和非正常操作，包括分包活动产生的重大危险源，评估其可能性和严重程度；

（iii）操作控制——安全操作的采用和实施程序和指令，包括维修，车间，工艺和设备，以及报警管理和临时停工；以考虑到可用的监测和控制的最佳实践的信息，来减少系统故障的风险；相关的设备老化和腐蚀风险的管理与控制；已建立设备的库存以及设备条件的运行和控

制方法；适当的后续行动和任何必要的应对措施。

（iv）变更管理——计划变更、新装置的设计，加工或储存设施的采用和实施程序。

（v）应急计划——采用和实施程序。通过系统分析识别可预知的突发事件，准备、演练和评论应急计划以应对突发事件，并提供具体的有关人员培训。这种培训应包括企业工作的所有人员，包括相关的分包人员。

（vi）监控性能——采用和实施程序持续评估运营者通过 MAPP 和安全管理系统设立的目标的遵守情况，采取调查机制和不符合情况下采取的纠正措施。本程序应包括运营者报告重大事故或“险肇事故”的系统，特别是那些涉及故障的保护措施，他们的调查和经验教训基础上的跟进措施。程序也可以包括性能指标，如安全性能指标（SPI 接口）和/或其他相关指标。

（vii）审计和审查——适合于 MAPP 的周期系统性的评估和安全管理体系有效性和适宜性的采用和实施的程序；政策和安全管理系统执行及其高级管理对其的更新的文件审查，包括审核，审计和复审指示考虑和合并必要的改变。

附件Ⅳ
在条款 12 提到的应急计划包含的信息和数据

1. 内部应急预案

（a）应急程序的授权制定人、现场负责人和协调人员的姓名和职务；

（b）有责任联络主管机关负责外部应急计划的负责人的姓名和职务；

（c）对于可预见的带来严重的重大事故的条件或事件，应采取所描述的行动来控制条件或事件并限制他们的后果，这包括安全装置和可利用资源的描述；

（d）限制在场人员的风险的安排，包括给予警告并希望现场的工作人员可以得到警告的行动；

（e）适合于提供事件的早期预警的安排，到主管机关负责设置外部应急预案，信息的类型应包含在初期警告而且提供更详细可用的信息安排；

（f）在必要时，要有培训人员职责的安排，他们将被要求执行，适当的时候与外部应急服务合作；

（g）提供协助外部减缓工作的安排。

2. 外部应急预案

（a）外部应急程序的授权制定人，负责并协调外部工作人员的姓名和职务；

（b）接受事件的早期预警、提醒并制定出程序的安排；

（c）安排必要的资源来实施外部应急预案；

（d）提供协助现场的减缓工作的安排；

（e）安排场外的减缓工作，包括在安全报告中提到的重大事故的响应，考虑可能的多米诺效应，包括对环境的影响；

（f）安排通知超出本指令范围的公共和任何相邻的机构或场所，第九条款是关于事故和应该被采取的行为的专业信息。

（g）安排提供其他成员国可能产生的跨界后果的重大事故的应急服务信息。

附件V
在第 14 条款（1）中和第 14 条（2）款中提出的关于公共信息的条例

第一部分

适用于本指令包含的所有企业：

1. 运营者的名称或是贸易名称和与企业相关的所有地址。

2. 证明企业在实施本指令的过程中遵守章程和行政规定，企业已将第 7 条款第 1 段提到的通知及第 10 条款第 1 段提到的安全报告递交给主管机关。

3. 企业从事相关活动简单条款说明。

4. 附件 I 中第一部分包括的危险物品的案例或通用名称，可能发生重大事故的企业涉及的相关物的危险分类或一般名称，用简单的术语说的是他们的主要危险性能的指标。

5. 关于公众关注的预警的综合信息，如果必要的话，重大事故的事件的合适行为的充分信息或者通过电子化渠道访问信息的提示。

6. 最后一项的数据与第 20 条款（4）相一致，或是可以参考通过电子进入的信息，关于更详细的检查信息或是根据需求可以得到检查计划方面的信息，与第 22 条款相符。

第二部分

对于高层公司，除了本附件第一部分提到的信息，还有以下几点

（1）与重大事故危险本质相关的综合信息，包括：对于人类身体健康和环境造成的潜在影响，具体总结出重大事故的主要类型和处理事故的控制方法。

（2）确保运营者在现场要制定合理的安排，尤其要与应急部门联络、处理重大事故，使事故造成的影响降到最低。

（3）要有记载处理场外事故因素的外部应急预案的相关合适的信息，这应该包括建议与其他的一些机构合作，在发生事故时求助于应急部门。

（4）在可以实施的地方表明企业是否与其他成员国的领土密切相关，根据美国经济委员会关于欧洲边界工业事故影响的会议可知这些成员国有带有边界影响的巨大事故的可能。

附件Ⅵ
在第18条款（1）中提到的委员会制定的对于重大事故通知的标准

I 任何第一款中提到的重大事故或者至少是2，3，4，5款中提到的结果中的一个必须通知委员会。

1. 危险物质包括：

任何可燃的，易爆炸的，意外释放危险物质的量至少是附件I中的第一部分第三条和第二部分第三条中限定数量的5%。

2. 对人类造成危害，对不动财产造成破坏。

a. 致死；

b. 在企业中有六个人受伤，并在医院救治至少24个小时；

c. 企业外部一人在医院至少救治24个小时；

d. 由于事故造成企业外部的住所遭到破坏且不能使用；

e. 人员的疏散和管制的时间超过2小时（人员×时间）：总值至少是500；

f. 饮用水，电，气或者电话服务中断的时间超过2个小时（人员×时间）：总值至少是1 000。

3. 对环境造成的直接伤害：

（a）对地面栖息地的永久的或者长期的破坏：

（i）0.5 hm^2或者更多法律规定的受到重点保护的栖息地；

（ii）10 hm^2或者更多的普遍的栖息地包括农耕地。

（b）对养鱼业的水和海洋栖息地造成重大的和长久的迫害：

（i）10 km或更长的河或者运河；

（ii）1 hm^2或者更多的湖或者池塘；

（iii）2 hm^2或者更多的三角洲。

（iv）2 hm^2或者更多的海岸线或者开放性海域。

（c）对地表水和地下水造成的重大破坏：

1 hm^2或者更多。

4. 对财产造成的损失：

（a）造成企业至少200万欧元的财产损失；

（b）造成企业外至少50万欧元的财产损失。

5. 跨国破坏

某些重大事故直接包括因为产生危险品对其他成员国的领土造成危害的影响。

成员国认为是事故或“险肇事故”应该利用特殊的技术措施来预防重大事故发生及限制事故后果，对于以上那些不符合上述规定的定量标准的应通报给委员会。

附件Ⅶ

相关表格

96/82/EC 指令	本指令
条款1	条款1
条款2（1）第一小段	条款2（1）和条款3（2）和3（3）
条款2（1）第二小段	条款3（12）
条款2（2）	—
条款3（1）	条款3（1）
条款3（2）	条款3（8）
条款3（3）	条款3（9）
条款3（4）	条款3（10）
条款3（5）	条款3（13）
条款3（6）	条款3（14）
条款3（7）	条款3（15）
条款3（8）	条款3（16）
	条款3的（2）到（7）和条款3的（11）到（12）（条款3的17）到（19）
条款4	条款2的（2）第一小段观点（a）到（f）和（h）
	条款2（2）第一小段观点（g）和条款2（2）第二小段
	条款4
条款5	条款5
条款6（1）	条款7（2）
条款6（2）观点（a）到（g）	条款7（1）观点（a）到（g）
条款6（3）	条款7（3）
条款6（4）	条款7（4）观点（a）到（c）
	条款7（4）观点（d）
条款7（1）	条款8（1）

96/82/EC 指令	本指令
	条款 8（2）观点（a）到（b）
条款 7（1a）	条款 8（2）观点（a）
条款 7（2）	条款 8（5）
条款 7（3）	
	条款 8（3）
	条款 8（4）
	条款 8（5）
条款 8（1）和（2）	条款 9（1）和（2）
—	条款 9（2）
条款 9（1）	条款 10（1）
条款 9（2）第一项	条款 10（2）
条款 9（2）第二项	—
条款 9（3）	条款 10（3）
条款 9（4）	条款 10（6）
条款 9（5）	条款 10（5）
条款 9（6）	—
—	条款 10（4）
条款 10	条款 11
条款 11（a）和（b）	条款 12（1），（a）和（b）和条款 12（2）
条款 11（c）	条款 12（1），（c）
条款 11（2）	条款 12（3）
条款 11（3）	条款 12（4）和（5）
条款 11（4）	条款 12（6）第一项
条款 11（4a）	条款 12（6）第二项
条款 11（5）	条款 12（7）
条款 11（6）	条款 12（8）
条款 12（1）第一项	条款 13（1）
条款 12（1）第二项	条款 13（2）
条款 12（1a）	—
条款 12（2）	条款 13（3）
—	条款 13（4）
条款 13（1）第一项	条款 14（2），第一项（a）和条款 14（2）第二项，第二句
条款 13（1）第二项，第一和第三句	条款 14（2）第二项，最后一句
条款 13（1）第二项，第二句	条款 14（1）
条款 13（1）第三项	条款 14（2）第二项，第一句
—	条款 14（1）第二句
条款 13（2）	条款 14（3）
条款 13（3）	条款 14（4）

96/82/EC 指令	本指令
条款 13（4）第一句	条款 14（2）（b）
条款 13（4）第二句和第三句	条款 22（3）
条款 13（5）	条款 15（1）
条款 13（6）	条款 14（2）（c）
—	条款 15（2）至（7）
条款 14（1）	条款 16
条款 14（2）	条款 17
条款 15（1）（a）至（d）	条款 18，（a）至（d）和条款 18，第二项
条款 15（2）第一项	条款 18（1）
条款 15（2）第二项	条款 18（2）
条款 15（3）	条款 18（4）
条款 16	条款 6（1）
—	条款 6（2）和（3）
条款 17	条款 19
条款 18（1）	条款 20（1）和（2）
条款 18（2）（a）	条款 20（4）
条款 18（2）（b）和（c）	条款 20（7）
条款 18（3）	条款 20（11）
—	条款 20（3）（5）（6）（8）（9）和（10）
条款 19（1）	条款 21（1）
条款 19（1a）第一项	条款 21（3）第一项
条款 19（1a）第二项	条款 21（3）第二项
条款 19（2）第一项	条款 21（4）
条款 19（2）第二项	条款 21（6）
条款 19（3）	条款 21（7）
—	条款 21（5）
条款 19（4）	条款 21（2）
条款 20（1）第一项	条款 22（1）
条款 20（1）第二项	条款 22（2）
条款 20（2）	—
—	条款 23
—	条款 24
条款 21（1）	条款 25
条款 21（2）	条款 21（5）
条款 22	条款 27
条款 23	条款 32
条款 24	条款 31
条款 25	条款 33

96/82/EC 指令	本指令
条款 26	条款 34
—	条款 26 和条款 28 至条款 30
—	附件Ⅰ，前言
附件Ⅰ，导言，第 1 至第 5 段	附件Ⅰ，附注至附件Ⅰ，附注 1 至 3
附件Ⅰ，导言，第 6 和第 7 段	—
附件Ⅰ，第Ⅰ部分	附件Ⅰ，第Ⅱ部分
附件Ⅰ，第Ⅰ部分，附注 1 至第Ⅰ部分，附注 1 至附注 6	附件Ⅰ，附注至附件Ⅰ，附注 13 至附注 18
附件Ⅰ，第Ⅰ部分，附注 1 至第Ⅰ部分，附注 7	附件Ⅰ，附注至附件Ⅰ，附注 20
—	附件Ⅰ，附注至附件Ⅰ，附注 7
附件Ⅰ，第Ⅱ部分	附件Ⅰ，第Ⅰ部分
附件Ⅰ，第Ⅱ部分，附注至第Ⅱ部分，附注 1	附件Ⅰ，附注至附件Ⅰ，附注 1，附注 5 和附注 6
附件Ⅰ，第Ⅱ部分，附注至第Ⅱ部分，附注 2	附件Ⅰ，附注至附件Ⅰ，附注 8 至附注 10
附件Ⅰ，第Ⅱ部分，附注至第Ⅱ部分，附注 3	附件Ⅰ，附注至附件Ⅰ，附注 11.1，附注 11.2 和附注 12
附件Ⅰ，第Ⅱ部分，附注至第Ⅱ部分，附注 4	附件Ⅰ，附注至附件Ⅰ，附注 4
附件Ⅱ，第Ⅰ部分至第Ⅲ部分	附件Ⅱ，点（1）至（3）
附件Ⅱ，第Ⅳ部分，点 A	附件Ⅱ，点 4（a）
—	附件Ⅱ，点 4（a），项目（ⅰ）至（ⅲ）
附件Ⅱ，第Ⅳ部分，点 B	附件Ⅱ，点 4（b）
—	附件Ⅱ，点 4（c）
附件Ⅱ，第Ⅳ部分，点 C	附件Ⅱ，点 4（d）
附件Ⅱ，第Ⅴ部分，点 A 至 C	附件Ⅱ，点 5（a）至（c）
附件Ⅱ，第Ⅴ部分，点 D	—
—	附件Ⅱ，点 5（d）
附件Ⅲ，前言和点（a）和（b）	附件Ⅲ，前言和点（a），条款 8（1）和条款（5）
附件Ⅲ，点（c），项目（ⅰ）至（ⅳ）	附件Ⅲ，点（b），项目（ⅰ）至（ⅳ）
附件Ⅲ，点（c），项目（ⅴ）至（ⅶ）	附件Ⅲ，点（b），项目（ⅴ）至（ⅶ）
附件Ⅳ	附件Ⅳ
附件Ⅴ，点 1	附件Ⅴ，第Ⅰ部分，点 1
附件Ⅴ，点 2	—
附件Ⅴ，点 3 至点 5	附件Ⅴ，第Ⅰ部分，点 2 至点 4
附件Ⅴ，点 6	附件Ⅴ，第Ⅱ部分，点 1
附件Ⅴ，点 7 和点 8	附件Ⅴ，第Ⅰ部分，点 5

96/82/EC 指令	本指令
—	附件Ⅴ，第Ⅰ部分，点 6
附件Ⅴ，点 9 和 10	附件Ⅴ，第Ⅱ部分，点 2 和点 3
附件Ⅴ，点 11	附件Ⅴ，第Ⅰ部分，点 7
—	附件Ⅴ，第Ⅱ部分，点 4
附件Ⅵ，Ⅰ	附件Ⅵ，第Ⅰ部分
附件Ⅵ，Ⅱ	附件Ⅵ，第Ⅱ部分
—	附件Ⅶ

附表 1　塞维索Ⅱ指令和塞维索Ⅲ指令框架比较

塞维索Ⅱ指令	塞维索Ⅲ指令
目的	准则 概述
范围	适用范围
定义	术语和定义
经营者的一般义务	特定危险物质的重大事故危险评估
申报	运营者的一般责任
重大事故预防政策	重大事故预防政策
	主管机构
	信息通知
 多米诺效应 安全生产报告 装备、危险品区或存储设施的修整	重大事故的预防措施 多米诺效应 安全报告 企业装置、危险品区或存储设施的变动
应急预案	应急预案
土地利用规划 关于安全措施的信息	土地利用规划 信息公开 决策方面的公共咨询与参与
重大事故发生后经营者应提供的信息 各成员国应向理事会提供的信息	经营者应提供的信息及在出现重大事故后应采取的措施 重大事故发生后主管机构应该采取的措施 重大事故发生后成员国应该提供的信息
主管部门	
禁止使用	禁止使用
检查	检查

塞维索Ⅱ指令	塞维索Ⅲ指令
信息系统和信息交换	信息系统和信息交换
保密事项 委员会参考条件	信息的保密事项 接受审议 指导 附件修改 代表的培训
委员会	委员会程序 处罚 报告和审查
82/501/EEC 号指令的撤销	96/82/EC 指令废止 信息交换 废除
实施	
生效 适用对象	生效 适用对象 附件清单 附件Ⅰ 危险物质 附件Ⅱ 条款10中提到的安全报告中应考虑的最低限值和信息 附件Ⅲ 条款8（5）和条款10中关于安全管理制度和企业组织机构等预防重大事故的信息 附件Ⅳ 条款12 提到的应急预案应包含的数据和信息 附件Ⅴ 条款14（1）和条款14（2）的 a 款规定应向公众公开的信息项目 附件Ⅵ 条款18（1）规定应向委员会通报的重大事故的标准 附件Ⅶ 相关表格

附表 2 塞维索Ⅰ指令和塞维索Ⅱ指令的主要区别

项目	塞维索Ⅰ指令	塞维索Ⅱ指令
对象	• 区分为工艺和储存 • 火药、军用炸药除外	• 不区分工艺和储存 • 火药、军用炸药除外 • 包含火药、军用炸药
化学危险品	• 主要对特定物质进行管理，指定了180种（类）物质	• 特别限定30种（类）物质，此外还根据物质危险性进行管理，对物质危险度进行分级
报告书	• 需提交安全报告、安全指南的设施未明确界定 • 没有要求记载多米诺效应	• 明确定义了与重大灾害、需提交安全报告的设施有关的术语 • 需研究多米诺效应

附录 4：

《塞维索III指令》环境风险预防应用指南

1 主题内容

为预防重大事故危害，确保人们的环境安全与健康，防范环境风险，使我国达到一个较高的防护水平。根据《塞维索III指令》及有关法律、法规，制定本指南。

本指南规定了生产经营单位运用《塞维索III指令》开展环境风险评估的一般原则、内容、工作程序、方法和要求。

本指南适用于在中华人民共和国境内的生产经营单位开展环境风险评价。本指南是根据国家有关环境保护的法规和标准，已经环境风险评价等有关法律法规以及标准制定的，是作为生产经营单位进行环境风险评价使用的指南。

本指南由环境保护部科技标准司组织制定，并为首次发布。指南的主要起草单位：沈阳市环境保护局环境应急办公室、沈阳市环境监测中心站、沈阳化工大学、武汉科技大学。本导则环境保护部二〇一三年×月××日批准。本导则自二〇一三年×月××日起实施，由环境保护部解释。

规范性引用文件：

《塞维索Ⅰ指令》

《塞维索Ⅱ指令》

《塞维索III指令》

2 适用范围

2.1 本指南定义中的 3.1 适用于企业；

2.2 本指南不适用于以下情况：

（a）军事设施、装置或存储设施；

（b）产生电离辐射的物质所造成的危险；

（c）危险物质的运输和通过公路、铁路、隧道、海运或空运的直接相关的中间临时储存企业，以及本指令未提及的企业，包括船坞、码头或堆积场所等其他意义运输的装卸和运输；

（d）管道中的危险物质的运输，包括泵站，本指令范围以外的企业；

（e）开发，即矿山和采石场的勘探、开采和加工，包括钻孔方法；

（f）海上勘探和矿物质的开采，包括碳氢化合物；

（g）海底天然气储存，包括专用存储场所和矿物质的勘探和开采场所，包括碳氢化合物；

（h）垃圾填埋站，包括地下废物储存。

尽管上述包括（e）和（h）的内容，但是在天然气陆上或地下储气库天然气地层、含水层、盐腔、废弃矿山和化学与热处理等操作，涉及危险物质相关的存储，以及尾矿处理设施操作，包括尾矿库或坝设施与操作，也应属于在本指令范围内管控的危险物质。

3 术语和定义

下列术语和定义适用于本指南。

3.1 企业

指运营者使用的所有场所。在该场所内，危险物质在一个或多个装置中出现，包括公共的或相关的基础设施或活动场所，企业既可以是低层企业也可以是高层企业。

3.2 低层企业

指企业内部存在的危险物质的量等于或超过附件Ⅰ中第一部分第2列或第二部分第2列列举的量，但低于第一部分第3列或第二部分第3列列举的量，在附件Ⅰ注释4中列举了使用的总体规则。

3.3 高层企业

指企业内部存在的危险物质的量等于或超过附件Ⅰ中第一部分第3列或第二部分第3列列举的量，在附件Ⅰ注释4中列举了使用的总体规则。

3.4 相邻企业

指一个企业紧挨着另一个企业，这样会增加重大事故的风险或事故结果。

3.5 新企业

指：（a）于2015年6月1日之后进行运营或建造的企业；

（b）本指令规定范围的运营场所或者低层企业变成高层企业，或高层企业变成低层企业，于2015年6月1日之后由于变更设施或活动场所而造成危险物质改变的场所。

3.6 现存企业

指一个企业在2015年5月31日符合96/82/EC指令规定的范围以及2015年6月1日符合本指令范围且未变更企业低层或高层的类型。

3.7 其他企业

指符合本指令规定的范围，或者低层企业变成高层企业，或高层企业变成低层企业在2015年6月1日后第五点提到的那些以外的原因。

3.8 装置

指企业的一个生产工艺单元，无论在地下或地上，会生产、使用、处理或存储危险物质。它包括在操作过程中必要的以浮动或以其他方式存在的所有的设备、建筑物、管道、机器、工具、铁路专线、码头、装卸码头服务安装、仓库或类似的结构的装置。

3.9 运营者

指由国家法律法规规定控制企业或装置的自然人或法人，对企业或装置行使经济决定权或决策权。

3.10 危险物质

指符合附件Ⅰ中第一部分或第二部分列举的物质或混合物，包括原材料、产品、副产品、残留物或中间物。

3.11 混合物

指由两种或多种物质组成的混合物或溶液。

3.12 现存危险物质

指企业中实际或潜在存在的危险物质，或通过合理预见的在失控的过程中可能产生的危险物质，包括储存活动，在企业的任何装置中其数量等于或超过附件Ⅰ中第一部分或第二部分规定量。

3.13 重大事故

指在本指令所涵盖的所有企业的运行过程中发生了诸如重大泄漏，火灾或爆炸事件，导致发展不可控制，即时或延迟，对企业内部或企业外部人类健康和或环境造成严重的危害，并涉及一个或多个危险物质。

3.14 危险

指危险物质或客观环境的一种固有属性，具有对人类健康或环境造成损害的能力。

3.15 风险

指在一个特定的时期或特定的环境下发生的一种可能性。

3.16 储存

指为了存储、环境安全的保管、库存，而存在一定数量的危险物质。

3.17 公众

指按照国家的法律或习惯，而组成的协会，组织或团体的一个或多个自然人或法人。

3.18 公共关注

指公众影响或可能受到的影响或感兴趣，将决定第十五章第一条的任何事项；本定义的目的是通过，被认为有兴趣的非政府组织在国家法律范围内促进环境保护和提出合适的意见和建议。

3.19 检查

指根据本指令的要求代主管机关检查和促进企业的顺应性而采取的所有的行动，包括现场访问，内部设施的核查，对系统、报告和文件的核查，以及必要的后续文件和任何有必要的跟进。

4 特定危险物质的重大事故危险评估

4.1 在适当的情况下或在我国法律、法规及相关规定通知的第 2 条中规定的任何活动，相关机构应评估，对于附件 I 中第一部分或者第二部分涉及的特殊危险物质在可以被合理预见的正常情况或者非正常情况下引起物质或能量的释放而造成重大事故是不可能的。这个评估应该考虑第 3 条中提到的信息，而且应该以下列一个或多个特点为基础：

（a）在标准工艺流程、操作条件下或者意外损失情况下危险物质形态。

（b）危险物质的固有属性，特别是在重大事故场景中那些与放散行为有关的物质属性，如分子质量和饱和蒸气压；

（c）物质混合情况下的最大浓度。

对于 4.1 的目的，在适当情况下应该考虑危险物质容量和包装，尤其是在特定的立法提及的。

4.2 如果一个企业依据 4.1（a）的标准认为危险物质会产生重大事故危险，应当将支撑的理由包括 4.3 提到的信息告知相关机构。

4.3 对于 4.1 和 4.2 的目的，评估危险物质的健康、物理和环境危险特性的必要信息应当包括：

（a）评估危险物质对自然、健康或环境造成潜在的危害的综合属性表；

（b）物理和化学性质（例如，分子质量、饱和蒸气压、固有的毒性、沸点、反应性、黏度、溶解度和其他相关的属性）；

（c）健康和物理危害性能（例如反应性、易燃性、毒性和附加因素，如身体发作方式、伤害致死率、长期的影响和其他相关的属性）；

（d）环境危险属性（例如毒性、持久性、生物积累、远距离环境迁移潜力和其他相关的属性）；

（e）可用的物质或混合物的国家分类标准；

（f）在危险物质的储存、使用或在可预见的异常操作的事件可能出现，如火灾等事故条件下，特殊物质操作条件信息（例如温度、压力以及其他相关条件）。

4.4 继 4.1 中提到的评估，在适当的情况下，相关机构向全国人民代表大会和全国人民代表大会常务委员会提出立法建议，以排除本指令范围内的危险物质。

5 运营者的一般责任

5.1 相关机构应确保运营者有责任采取一切必要措施防止重大事故的发生，并限制其对人类健康和环境的危害的后果。

5.2 相关机构应确保被要求的运营者按照第 6 条中提到的向主管机关证明，在任何时候，尤其是在根据第 20 条所指的以检查和控制为目的，在本指令范围内经营者已经采取了一切必要的措施。

6 主管机构

6.1 在不影响运营者职责的情况下，确定或任命主管机关或负责主管部门实施本指令规定的职责（主管机关），如有必要，社会相关团体可在技术上协助主管部门。设立或任命多个主管部门应确保其履行职责是充分协调的。

6.2 主管机关和环境保护部在执行中应当配合以支持本指令的实施，包括适当的利益相关者。

6.3 确保主管机关接受运营者基于其他相关欧盟立法提交的相同信息，从而满足本指令的目的。在这种情况下，主管机关应该确保本指令的要求得到执行。

7 信息通报

7.1 运营者向主管机关报送包含以下信息的通知：

（a）运营者的名称或交易名称和企业的完整地址；

（b）完整的运营者注册地点；

（c）如果不同于（a）点，则应提供企业负责人的姓名和职务；

（d）识别涉及或可能存在的危险物质和物质类别的充足信息；

（e）危险物质或与危险物质相关的数量和物理形态；

（f）设备或储存设施能动性或可动性；

（g）企业当前的环境，以及可能造成重大事故或加重后果的因素，其中包括周围企业的有效的详细信息，不包括在本指令范围内的部分，区域范围和发展可能是增加风险或重大事故后果以及多米诺效应的根源。

7.2 通知或更新应在下列期限内送往主管机关：

（a）对于新企业，在其开始建设或运转之前或其存在的危险物质变化之前的一个合理时限内；

（b）在所有其他情况下，从本指令开始实施之日起一年内。

7.3 如果运营者在符合法律的要求下已经建立了 MAPP，并在 2015 年 6 月 1 日前提交给了主管机关，以及所涉及的信息符合第一款并保持不变，则 7.1 和 7.2 将不再适用。

7.4 经营者应在下列事件发生前告知主管机关：

（a）任何危险物质的量显著增加或减少，当前危险位置类型或物理形式显著的变化，如根据运营者依据第一段提供的信息所示或在使用过程中的重大变化。

（b）企业变更或装置的改变就重大事故而言可能会造成严重的结果。

（c）企业永久性的注销或关闭。

（d）7.1（a）（b）（c）三点涉及的信息变化。

8 重大事故的预防措施

8.1 运营者应起草一份展示了重大事故预防政策（MAPP）的书面文件，并确保它的正确实施。MAPP 的设计应确保人类健康和环境达到高水平的保护。对于预防重大事故危险应是适合的。它应包括运营者的总体目标和行动准则，角色和管理责任，以致力于持续改进重大事故危险的控制能力，确保高水平的保护。

8.2 在国家法律的要求下制定 MAPP，并在下列期限内向主管机关提交。

（a）对于新企业，在其开始建设或运转之前或其存在的危险物质变化之前的一个合理时限内；

（b）在所有其他情况下，从本指令开始实施之日起一年内。

8.3 如果运营者在符合法律的要求下已经建立了 MAPP，并在 2015 年 6 月 1 日前提交给了主管机关，其中包含的信息符合 8.1 并保持不变，则 8.1 和 8.2 的规定不适用。

8.4 在不违背第 11 条的前提下，运营者应定期评审 MAPP 且至少每五年进行一次必要的更新，凡法律要求下的 MAPP 更新，应及时向主管机关提交。

8.5 按附件Ⅲ，应通过适当的手段、结构和环境安全管理制度执行 MAPP，重大事故危险的比率应与组织的复杂程度或企业的活动相协调。对于低层企业执行 MAPP 责任可以通过其他适当的手段、结构和管理系统来实现，重大事故危险的比例可以参考附件Ⅲ所列的原则。

9 多米诺效应

9.1 确保主管机关运用来自于运营者依据第 7 条和第 10 条的要求提交的信息，或者主管机关附加要求的信息或依据第 20 条的核查所得的信息，识别所有低层企业和高层企业及公司团体的风险或重大事故的后果可能由于企业的地理位置和周围情况以及危险物质的增加而增加。

9.2 运营者依照 7.1（g）点向主管机关提供附加信息，如果对这一条的实施有必要的话，主管机关应当把这些信息提供给运营者。

9.3 确保企业的运营者依照 9.1 来识别以下几点：

（a）交流相关信息，能够让企业在他们的 MAPP（重大事故预防措施）、环境安全管理体系、环境安全报告以及内部应急预案中考虑重大事故所有危险类型和程度。

（b）配合通知本指令范围以外的公众以及邻近地区，且在主管机关制定外部应急预案时配合提供相关信息。

10 环境安全报告

10.1 主管机构要求高层公司的运营者制定环境安全报告时，应考虑以下目的：

（a）证明依照附件Ⅲ中的资料，MAPP 以及环境安全管理系统在实施过程中是有效的；

（b）证明已经识别了重大事故的危险以及可能发生重大事故的情况，并在防止这些事故的发生和限制其对人类健康及环境的影响方面应急采取了必要措施；

（c）证明在企业内部产生重大危险事故环节的任何设施、储存设备、装置和与运行相关的基础设施的设计、安装和运行都是足够的环境安全和可靠的。

（d）证明已经起草制定出了内部应急预案，且及时向外部应急方案提供了相关信息。

（e）提供足够的信息给主管机关，使主管机关能够决定现有企业周围新活动或发展位置。

10.2 环境安全报告中应至少包含附件Ⅱ中所列的数据和信息。其中应包含参与起草报告的相关组织的名称。

10.3 环境安全报告应在以下时限内送交主管机关：

（a）对于新企业，在其开始建设或运转之前或其存在的危险物质变化之前的一个合理时限内；

（b）对于现有的高层公司，在 2016 年 6 月 1 日前；

（c）对于其他的企业，从本指令开始实施之日起的两年内。

10.4 如果 2015 年 6 月 1 日之前，运营者已经在国家法律的要求下将环境安全报告送至了相应主管机关，并且其中包含的信息符合 10.1、10.2 的规定保持不变，那么第 10.1、10.2、10.3 条规定不适用。为了符合 10.1、10.2 的规定，经营者应在 10.3 所说的时限内，将修改后的环境安全报告提交至主管机关。

10.5 在不违背第 11 条规定的前提下，运营者应定期评审环境安全报告且至少每 5 年进行一次必要的更新。

在企业发生重大事故后，运营者需重新评审或更新他们的环境安全报告，在其他任何时间运营者主动或主管机关要求，用新证据或者关于环境安全问题的新技术知识，包括从事故分析得出的知识，尽可能地考虑险肇事故以及危险评估相关知识的发展，以证明环境安全报告的合理性。

最新的环境安全报告或其更新的部分应立即报送主管机关。

10.6 在运营者开始建造和运营之前，或在本条款 10.3（b）、（c）及 10.5 提到的情况发生时，依照第 19 条的规定，主管机关应在合理时间内给出所接收的环境安全报告的结论，禁止企业使用或继续使用。

11 企业装置或存储设施的变动

装置、企业、存储设施、过程变动，或者危险物质的量或自然、物理形态发生改变，对重大事故危险产生重要影响或者导致低层企业变为高层企业或高层企业变为低层企业，成员国应该确保运营商审核、必要时更新通知、MAPP、环境安全管理体系、环境安全报告，并且将这些修正的部分告知相应主管机关。

12 应急预案

12.1 成员国应保证所有高层公司：

（a）运营者为其公司制定内部应急预案；

（b）运营者应向主管机关提供必要的信息，以便其制定外部应急预案；

（c）根据（b）点在受到运营者提供的必要信息的两年内，由成员国指定的机构制定外部应急预案。

12.2 运营者在以下时限内遵守 12.1（a）和（b）的规定：

（a）对于新企业，在其开始建设或运转之前或其存在的危险物质变化之前的一个合理时限内；

（b）对于现有的高层公司，在 2016 年 6 月 1 日前。除了在 2016 年 6 月 1 日之前在国家规定范围内已制定包含信息的内部应急预案，且信息符合 12.1（b）规定并保持不变；

（c）对于其他的企业，从本指令开始实施之日起的两年内。

12.3 应急预案的制定应达到以下目标：

（a）遏制和控制事故，使其影响最小化，限制其对人体健康、环境、财产的损坏；

（b）实施必要措施，保护受重大事故影响的人类健康和环境；

（c）对公众公开必要信息且为相关区域提供服务；

（d）在重大事故发生后，对环境进行恢复以及清理。

应急预案应包含附件Ⅳ中信息。

12.4 相关机构应保证本指令中所规定的内部应急预案的制定是经过包括长期相关分包人在内的企业内部全体员工讨论的。

12.5 当建立和更改外部应急预案时，相关机构应保证公众能够容易地发表他们的意见。

12.6 保证至少每三年对内部、外部应急预案进行评审和测试，在必要时由运营者和权威机构对其进行更新。评审应该考虑相关企业的变化，还要考虑应急服务机构，新的技术知识以及从重大事故响应知识。

在外部应急预案方面，应考虑在重大突发事件时民事援助保护方面加强合作的需要。

12.7 保证运营者在应急预案生效时便能够立即实行，并且当重大事故发生或在由于自然原因可能会导致重大事故发生的不受控制的事件发生时，保证应急预案在主管机关指导下立即付诸实施。

12.8 通过环境安全报告提供的信息，主管机关可以做出相应的决议并要给出做出该决议的原因，但这不适用于 12.1 规定情况下外部应急预案的产生。

13 土地利用规划

13.1 相关机构应保证在其土地政策和相关其他政策中能够防止重大事故的发生及限制事故对人类健康和环境产生的后果的目标。通过下述控制方法达到这些目标：

（a）新企业的选址；

（b）第 11 条包括的企业变更；

（c）包括运输路线、公共用地及公司附近居民用地等在内的新发展，可能是增加重大事故风险和后果的根源。

13.2 相关机构应长期确保他们土地利用或者其他相关政策及执行这些政策的程序：

（a）本指南规定的企业与住宅区、公共建筑、公共场所、娱乐区保持适当环境安全距离，并保证主要运输路线尽可能地远离此类区域；

(b)通过适当环境安全距离或其他相关措施来保护特殊自然敏感区域及所影响到的企业附近区域；

（c）对于现有公司，依照第 5 条要求增加相应技术手段来降低对人类健康以及环境产生危害的风险。

13.3 相关机构应保证负责这些区域的所有主管机关及决策规划部门建立适当咨询程序，以便于13.1政策的实施。程序的设计应保证运营者提供企业产生风险的充分的信息以及应对风险的技术建议，可以是个案也可以是通用的建议。

相关机构应保证在主管机关要求下，低层企业的运营者能够提供企业必须的土地利用规划产生的风险的充足信息。

13.4 13.1、13.2和13.3的要求不能违背《建设项目环境影响评价技术导则》《规划环境影响评价技术导则（试行）》以及其他相关法律、法规的规定。相关机构为履行本条要求及立法要求可以提供协调与连接程序，尤其要避免程序上的重复评估和诊断。

14 信息公开

14.1 相关机构应保证附件V中的信息始终向公众公开，包括电子化信息。信息要始终保持更新，必要情况下包括第11条中所述的变更事件。

14.2 相关机构也应保证高层企业：

（a）以最适当的方式无条件地告知可能不断受到重大事故影响的所有人，在重大事故发生时可采用的环境安全方法和必要的行动的清楚的和可理解的信息；

（b）环境安全报告的公布应遵循22.3的要求，例如一份符合22.3要求的非技术性总结报告，它就至少应包括有关重大事故隐患的信息以及重大事故对人类健康和环境潜在影响的信息；

（c）危险物质的库存量应按22.3要求提供给公众。

对于本条（a）所要求提供的信息应至少包括附件V中的信息。信息应当提供给包括学校、医院以及第9条中提及的企业附近的所有建筑和公共场所。各成员国应保证至少每五年便对这些信息进行一次修正，并对包括第11条中所述修改事件的所有信息进行必要的更新。

14.3 对可能会产生跨界影响的重大事故的高层企业，相关机构提供足够的信息给可能受到影响的其他企业，以便受影响的其他企业能够依照第12、13条所有相关规定做出相应的应对措施。

14.4 相关企业已确定一个企业邻近其他企业，并依照12.8的要求，该公司并没有重大事故危险，那么它便不需要依照12.1的要求来制定外部应急预案，并应告知其他企业其做出决策的理由。

15 决策方面的公共咨询与参与

15.1 相关机构应确保公众关注有机会及早给予其特定个别项目有关的意见：

（a）依第 13 条所规划新的新企业；

（b）第 11 条所述的企业的重大改变，这些改变同时应符合第 13 条的规定；

（c）第 13 条所述的企业的选址或发展可能增加重大事故的风险或后果。

15.2 对于 15.1 所述的具体的单个项目，公众应能够通过包括电子媒体在内的任一公告形式，在下述事件做出决策的早期得到下述事件相关的信息：

（a）具体项目的主题；

（b）证明项目是属于一个企业还是属于跨界的环境影响评价，或是依照 14.3 的成员国之间的协商；

（c）详述负责决策的主管机关得到的相关信息以及对其发表的意见或提出的问题，并详述传达这些意见或问题的时间明细；

（d）该决议可能性质的决议草案；

（e）时间或地点指示，可用的相关信息；

（f）依照 15.7 详述公众参与及协商的具体安排。

15.3 对于 15.1 所述的具体的单个项目，相关机构应保证在适当的时限内向公众提供下述相关信息：

（a）依照国家法律，向主管机关提交主要的报告和建议时也要依照 15.2 将这些报告和建议告知公众；

（b）依照指南的规定做出的关于公众获取环境情况信息，信息不仅要与本章第 2 条中相关决议相符合，也要在它被公众获悉之后依照本条对它进行执行。

15.4 相关机构应保证在依照 15.1 的要求对一个具体项目做出决议之前，公众可以向主管机关提交相关意见，并要依照 15.1 的规定参考这些意见做出决议。

15.5 相关机构应保证主管机关向公众提供下述相关决议：

（a）决议的内容以及做出该决议的原因，同时要包括任何后续的更新；

（b）在决议做出之前的协商结果以及他们是如何就该决议做出考虑的。

15.6 一般的方案或程序依照 15.1（a）、（c）正常进行时，相关机构应保证公众依照相关规定能够尽早和有效地参与项目的准备、修改及评审过程。

相关机构应保证公众能够在法律规定下参与到包括非政府组织在内的相关规定中去，如促进环境保护的规定。

15.7 相关机构应该决定关于通知公众和商讨公众关注的详细安排。

对于不同阶段合理的时间框架应该提供允许有充足的时间通知公众并且使公众有时间准备，使公众积极有效地参与到本条款的环境决策中来。

16 运营者应提供的信息及在出现重大事故后应采取的措施

相关机构应要保证重大事故发生后采取的措施更加切实可行，而且运营者需要采取最合适的手段：

（a）通知主管机关；

（b）尽快提供有关主管机关如下信息：

i 事故的情况；

ii 涉及的危险物质；

iii 评价事故对人体健康、环境状况及财产影响的可用信息；

iv 采取的应急措施。

（c）通知有关主管机关下一步需要采取的措施：

i 减轻这个事故的中长期影响；

ii 防止此类事故的再次发生。

（d）如果进一步调查揭示了更多的事实并且改变了结论，那么就需要更新这些信息。

17 重大事故发生后主管机构应该采取的措施

出现重大事故后，相关机构应该要求主管机关：

（a）确保立即采取任何被证明是有效的紧急的、中期和长期的措施；

（b）通过调查研究或者其他合适的方法收集信息，用来对事故进行技术、组织、管理方面的全面分析。

（c）采取合适的措施确保运营者采取必要的补救措施；

（d）对未来预防措施提出建议；

（e）通知事故发生地可能受到影响的人们，并通过采取措施减轻事故后果。

18 重大事故发生后相关机构应该提供的信息

18.1 为了达到阻止事故发生或者减轻事故的影响的目的，相关机构应该通知符合附件Ⅵ的条件且发生在该国境内重大事故委员，相关机构应提供包括以下详细信息。

（a）负责报告的主管机关机构的名称和地址；

（b）事故发生日期、时间和地点，包括运营者的全称以及相关企业地址；

（c）简要描述事故发生的情况，包括涉及的危险物质以及对人体健康及环境造成的当前影响；

（d）简要描述采取的应急措施以及立刻采取必要的预防措施以防止二次事故的发生；

（e）事故的分析结果和建议。

18.2 18.1 涉及尽可能切实可行的且事故发生一年内的最新信息，可以使用 21.4 推荐的数据库。18.1 提到的初始信息，应包括在数据库当中，且应在时间限制范围之中。一旦有进一步的可用研究分析结构或者建议，应及时更新初始信息。

为了完成审批程序，相关机构可以推迟 18.1（e）涉及的报告信息，因为这些类似的报告都会影响这些程序。

18.3 为了相关机构能够提供条文 18.1 涉及的信息，根据 21.4 提到的检查程序以采用的实施法令的形式制定了报告格式。

18.4 相关机构需要通知主管机关有关重大事故相关人员的名字与住址以及建议其他有关机构参与到相关事故的处理当中来。

19 禁止使用

19.1 相关机构需要禁止运营者在预防或减轻重大危害的过程中使用那些具有明显缺陷设备、安装装置以及储存设施等其他设备。最后，相关机构尤其在检查报告中采取必要的措施识别严重的失效。

如果运营者没有按照指令规定的特定时期之内递交通知、报告或者其他信息，那么相关机构就应该禁止运营者使用任何设备、装置或者储存设备等其他设备。

19.2 相关机构应确保运营者在 19.1 的范围内根据国家法律和程序向有关主管机关提出申诉。

20 检查

20.1 相关机构应该保证主管机关建立一个检查系统。

20.2 检查应该适合相关企业的类型，可以是计划、组织和管理类型的一种。他们不应该依靠环境安全报道或者任何其他递交的报告。企业应该采用充分的计划和系统的检查系统，以确保特别在：

(a)运营者能够证明他已经采取了合适的措施，并结合不同的活动来预防重大事故的发生；

（b）运营者能够证明提出了合适的方法来限制现场的或非现场的重大事故的后果；

（c）环境安全报告或者其他报告中包含的信息和数据必须能够充分反映公司的状况；

（d）根据第 14 条已经提供给公众相关信息。

20.3 相关机构应该确保国家的、区域的或者地方机构的检查计划中包含了所有的企业，并且确保定期地评估处理计划，在适当的地方进行更新。

每一个检查计划应包括以下几个方面：

（a）对相关环境安全问题的总体评价；

（b）检查计划中包括的地理区域；

（c）计划包括的企业清单；

（d）根据第19条可能产生多米诺效应的一系列公司清单；

（e）那些有特定的外部风险或者危险源能够增加重大事故风险和后果的企业清单；

（f）例行检查的计划，包括20.4提到的检查计划；

（g）20.6提及的非例行检查程序；

（h）不同的检查机构共同采用的规定条款。

20.4 根据20.3提到的检查计划，主管机关应按时起草对所有企业的常规检查计划，包括对不同的企业进行现场检查的频率。

对高层企业进行连续的两次现场检查的周期不能超过一年，而对于低层的公司不能超过三年，除非主管机关已经根据重大事故危险的系统评价体系为相关企业制订了检查计划。

20.5 企业的危险的系统评价应至少根据下列条件：

（a）企业对人体健康或者环境造成的潜在影响；

（b）遵守本指令要求的记录；

在合适的地方，也应考虑其他国家法律条件下执行的相关检查。

20.6 为了调查严重的控诉、严重和险肇事故、事件以及不符合事件需尽快采取非常规检查。

20.7 每一次检查后四个月，主管机关需要告知运营者检查结论以及需要采取的所有必要措施。主管机关需要确保经营者在接到报告之后的合理时间之内采取了所有必要的处理措施。

20.8 如果对一个重要事件的检查不符合这个指令的要求，那么则需要在六个月之内对其追加检查。

20.9 调查如果可能的话需要同其他国家法律的调查相结合，并尽可能的协调操作。

20.10 相关机构应该鼓励主管机关提供经验交流及知识巩固机制以及方法，在合适的地方分享此机制。

20.11 相关机构应确保运营者为主管机关顺利进行检查以及获得指令要求获取的信息而提供必要的帮助。特别是在当主管机关全面评价发生重大事故的可能性以及重大事故加剧的可能性范围，制定一个应急预案并考虑相关物质的物理形态、特殊条件和位置的时候。

21 信息系统和信息交换

21.1 相关机构应该就关于预防重大事故和限制事故后果的经验开展信息交流，特别需要包含本指令中提到的措施作用的信息。

21.2 截至 2019 年 9 月 30 日之前，相关机构需要在每四年之内向环境保护部提交一份有关于本指令的实施报告。

21.3 关于指令所涉及的企业，相关机构需要向环境保护部提供以下信息：

（a）运营者的名称或交易名称，公司的所有地址信息；

（b）公司所有活动、运转情况。

环境保护部需要建立和定期更新包括相关机构提供的信息的数据库，能够进入数据库的人需经过环境保护部或者相关机构的授权。

21.4 环境保护部需要建立并处理相关机构数据库的内容，特别是发生在本国领土之内的重大事故的详细信息。

（a）主管机关应迅速传播相关机构参照 18.1 和 18.2 提供的信息；

（b）向各主管机关分发重大事故原因的分析和事故教训；

（c）向主管机关提供预防措施的信息；

（d）组织的信息条例能够为重大事故的发生、预防和减弱提供相关信息或建议。

21.5 相关机构应在 2015 年 1 月 1 日之前，采取执行法案来建立一个信息交流模式，用来交流 20.2 和 20.3 涉及的来自相关机构信息以及 20.3 和 20.4 涉及的相关数据库信息。这些执行法案应该根据 27.2 的检查程序来进行。

21.6 20.4 提及的数据库应该至少包括以下信息：

（a）相关机构根据 18.1 和 18.2 提供的信息；

（b）事故原因的分析；

（c）事故教训；

（d）必要的预防措施以防止事故再次发生。

21.7 环境保护部应该向公众公开非保密信息。

22 信息的保密事项

22.1 相关机构应确保信息的透明度，主管机关根据本指令要求公开相关信息，且保证信息能够被任何自然人或法人查到。

22.2 任何信息的披露需要符合本指南的规定，包括第 14 条的规定，也许之前主管机关会据相关规定拒绝或限制信息的披露，但现在这个已经被允许了。

22.3 如果运营商依据相关规定提及的原因要求不公开环境安全报告的特定部分或者危险物质名录，主管机关拒绝披露 14.2（b）和（c）点涉及的完整信息与 22.2 不矛盾。

主管机关用同样的原因决定不公开报告或名录的特定部分。因为这样的原因，且主管机关批准的情况下，运营者向主管机关提供去除那些部分的报告和名录。

23 接受审议

相关机构应确保：

（a）根据本指令 14.2（b）或（c）点或 22.2 段涉及的任何申请信息能够被审议。审议应与相关规定或和主管机关相关要求的部分相符合。

（b）根据各自国家的法律系统，公众可以依据相应审查程序对本指南 15.1 段的要求对事例进行审查。

24 指导

相关机构应设定一个环境安全距离和多米诺效应的指导条例。

25 附件修改

授权相关机构根据第 26 条规定采用法律授权改编附件Ⅱ到附件Ⅳ以适应技术的发展。

改编不会导致本指南规定的相关机构及运营者的责任发生实质的改变。

26 代表的培训

26.1 代表的权力是环境保护部根据本指南中规定而制定。

26.2 代表实施权力应根据第 25 条要求，从 2012 年 8 月 13 日算起，并且要在五年之内限期实施，环境保护部应制定一个报告关于代表权力不迟于这五年期限末的九个月，代表的权力期限应该延长，除非环境保护部在这个任期的最后四个月之前反对延长。

26.3 根据第 25 条授予代表权力可以被在任时期撤销，撤销代表权力的详细说明应加在决定的详细说明中，决定于随后公布生效或是在决定的详细说明发布后不久生效。它不会影响代表之前所作的法令的有效性。

26.4 一旦批准授权，环境保护部需要同时通知中华人民共和国代表大会及常务理事会。

26.5 代表根据第 25 条采取的措施只要中华人民共和国代表大会及常务理事会在通知措施决定的两个月之内没有反对或者中华人民共和国代表大会及常务理事会告知环境保护不反对

的情况即生效。中华人民共和国代表大会及常务理事会可要求延长两个月的决定期限。

27 处罚

相关机构应确定根据本指南而违反国家规定的处罚，提出的处罚应有效、适度和具劝阻性的。相关机构应在 2015 年 6 月 1 日前将这些规定通知环境保护部以免影响到任何后续修正案。

28 报告和审查

28.1 截止到 2020 年 9 月 30 日，此后每隔四年，环境保护部在相关机构根据第 18 条和第 21.2 条提交的信息以及第 21.3 段和第 21.4 条涉及的数据库中的信息基础上，执行 20.4 时应提交给中华人民共和国代表大会及常务理事会一份关于本指令执行情况和有效运作的报告。报告应包括此指令在执行过程中发生的重大事故及其潜在影响的信息。环境保护部应首先对此报告进行评估并确定是否需要对此指令的适用范围进行修改。在适当的情况下，任何报告都可附有一项立法建议。

28.2 在有关联盟立法方面，委员会可能审查需要讨论与重大事故有关的运营者的财务责任问题，包括有关保险的问题。

29 信息交换

29.1 相关机构应使符合本指令的相关法律、法规和行政规定自 2015 年 5 月 31 日起生效，2015 年 6 月 1 日起实施。

尽管第一分段，相关机构应使符合本指令条例 30 的相关法律、法规和行政规定自 2014 年 2 月 14 日起生效，2014 年 2 月 15 日起实施。

他们应提前向环境保护部呈交这些条款的文本。

当环境保护部采用这些规定时，它们应参考此指令或附有参考在其官方出版物中的理由，环境保护部应确定需要参考文献的数量。

29.2 相关机构应向环境保护部通报他们所采纳本指南涵盖领域的国家法律的主要条款的文本。

30 指令生效

塞维索指令可根据需要进行发布，通常在发布后的第二十天起生效。

附录 5：

石油化工企业突发环境事件隐患排查治理导则

1　总则

1.1 为切实落实石油化工企业环境安全主体责任，指导企业建立健全突发环境事件隐患排查制度，及时查找和治理突发环境事件隐患，建立健全环境风险防控措施，有效防范突发环境事件，特别是因生产安全事故等诱发的次生突发环境事件，根据《企业突发环境事件风险防控监督管理办法》，制定本导则。

1.2 本导则适用于石油化工企业（以下简称企业）生产、储存、运输、废物处置等环节突发环境事件隐患的排查和治理，对企业突发环境事件隐患排查、治理另有规范性文件的，依其规定执行。

1.3 本导则所称企业突发环境事件隐患，是指因企业环境行为违反法律、法规、标准等规定，环境应急管理存在缺陷，环境风险防控措施不足，或因环境风险要素变化，可能直接引发或诱发次生突发环境事件的事实或状态。突发环境事件隐患分为重大突发环境事件隐患和一般突发环境事件隐患。

1.4 企业根据本导则要求，建立突发环境事件隐患排查制度（以下简称排查制度），编制《企业突发环境事件隐患排查方案》（以下简称《排查方案》），组织突发环境事件隐患排查（以下简称排查），对排查出的突发环境事件隐患实施治理（以下简称治理），并及时修订企业环境应急预案和完善企业环境风险防控措施。

1.5 企业主要负责人全面负责本企业排查工作，建立企业突发环境事件隐患排查制度，成立工作机构，明确责任分工，保证排查治理工作的资金投入，及时掌握排查治理情况，督促对重大突发环境事件隐患的治理和环境风险防控措施的完善。分管责任人负责企业突发环境事件隐患排查制度落实，具体组织排查治理工作，及时向企业负责人报告环境事件隐患重大情况。

1.6 按照排查频次、排查规模、排查项目的不同，排查可分为综合排查、日常排查、针对性排查、抽查等，企业排查工作可与各项专业的日常管理相结合，统筹协调各类型排查。

（1）综合排查是指企业以厂区为单位开展全面排查，一般一年进行一次。企业也可以结合环境保护行政主管部门和安全生产监督管理部门等组织开展的各类专项检查，进行综合排查。企业发生突发环境事件的，在应急处置结束后，应对企业进行综合排查。

（2）日常排查是指以班组、工段、车间为单位组织的对单个或几个项目采取日常的、巡视性的排查工作，其频次根据具体排查项目确定。

（3）针对性排查是对特定区域、设备、措施进行的专门性排查。

（4）企业也可根据自身管理流程，采取抽查等方式排查突发环境事件隐患。

1.7 企业应高度重视下列情形对企业环境风险防控工作造成的影响，及时启动综合排查或者针对性排查，消除突发环境事件隐患。

（1）颁布实施相关新的法律、法规、标准、产业政策等或重新修订的；

（2）企业有新建、改建、扩建项目的；

（3）企业原材料、生产工艺、操作参数等发生重大变化的；

（4）企业环境管理组织机构和人员，关键岗位技术人员重大调整的；

（5）环境通道及周边环境风险受体发生变化的；

（6）季节变化或有关极端天气预报的；

（7）敏感时期、重大节假日或活动前；

（8）因环境违法行为受到环境保护主管部门处罚的；

（9）其他同类企业发生突发环境事件的；

（10）发生生产安全事故或自然灾害的。

2 企业突发环境事件隐患排查方案的制定

2.1 编制要求

企业应根据本导则并结合实际情况编制排查方案，提高排查的针对性和可操作性。

2.2 排查方案的内容

排查方案应至少包括下列内容：

2.2.1 排查工作的组织机构和职责分工；排查所需设备、工具清单；各项保障措施。

2.2.2 各项环境保护设施、环境风险防控设施清单。

2.2.3 确定排查节点，并编制企业的《突发环境事件隐患排查表》（以下简称《排查表》）《突发环境事件隐患报告单》（以下简称《报告单》）。

2.2.4 排查方案应附有以下图件，方便排查：

（1）企业总平面布置图；

（2）企业工艺流程图（标明风险节点，附主要工艺单元、排污节点简要说明）；

（3）生产废水、雨水、清净下水排水管道、可利用的排水储存设施位置、容积图；

（4）环境预警设施、环境风险防控设施分布图；

（5）对于设置有卫生等各类防护距离的企业，应提供企业卫生防护距离范围图；

（6）企业周边环境风险受体分布图；

（7）企业临近饮用水水源保护区的，应提供当地饮用水水源保护区区划图；

（8）存在重大危险源的企业，提供重大危险源风险事故影响范围图；

（9）其他能够反映本企业环境风险状况的图件等。

2.3 突发环境事件隐患排查表

2.3.1 企业应针对厂区、车间、工段分别编写排查表。厂区排查表供全厂开展综合排查使用，也可供车间、工段日常排查使用。车间和工段排查表主要供车间日常排查使用。

2.3.2 排查表应至少包括本导则提示的全部项目和要点。主要包括下列内容：排查项目、具体要求、排查方法、排查结果、隐患级别、排查时间、排查人员签名。

2.3.3 排查表中应针对不同排查项目明确排查频次的要求，频次设定不得低于本导则的要求。

2.4 突发环境事件隐患报告单

企业应根据内部管理流程设计《报告单》，依据排查结果写明突发环境事件隐患位置、内容、治理措施、治理责任人和期限等，按隐患级别由企业相关负责人签发，抄送企业相关部门落实整改。整改完成后应在报告单上写明整改结果，由企业负责人签字后存档保存，报告单应保存三年以上。

2.5 排查方案的管理

排查方案应根据排查结果及时修订和完善，实行动态管理，其中《排查表》每年度至少修订一次。

3　企业突发环境事件隐患排查方案的实施

3.1 排查人员

参与对同一项目排查的人员应当两人以上，且具备环境应急管理专业知识。

3.2 排查准备

排查领导机构应做好排查整体部署，做好排查的宣传动员工作，对排查人员进行业务培训，明确排查项目和责任人、排查方法和要求、排查时间和时限，收集相关文件和技术资料，准备现场排查所需要的工具、仪器仪表、监测设备等。

3.3 排查方式

排查人员可以采用查阅文件和记录、现场核对、现场检查、现场监测等方式开展排查。

3.4 排查过程的确认及存档

排查人员应对排查结果签字确认，有不同意见的应注明，必要时拍摄影像资料存档。

3.5 排查结果

3.5.1 排查人员应根据《企业突发环境事件风险防控监督管理办法》对排查出的突发环境事件隐患确定级别。

3.5.2 排查人员应填写《报告单》，及时报告排查领导机构，并按企业内部管理流程落实整改，重大环境隐患还应报企业负责人知悉。

4 隐患治理

4.1 一般突发环境事件隐患，是指可能产生的环境危害程度较小，或发现后能够立即治理排除的隐患。重大突发环境事件隐患，是指可能产生的环境危害程度大，且情况复杂、短期内难以完成治理，应当全部或者局部停产停业并经过一定时间治理方能排除的隐患，或者因特殊原因致使企业自身难以排除的隐患。

4.2 企业应按照《企业突发环境事件风险防控监督管理办法》要求，对一般突发环境事件隐患，应当立即组织治理整改；重大突发环境事件隐患，应立即组织制定并实施隐患治理方案，开展治理工作。

4.3 企业应按照《企业突发环境事件风险防控监督管理办法》要求，相关企业应当每年对本单位突发环境事件隐患排查治理情况进行统计分析，并分别于下一年度 1 月 31 日前向当地环境保护主管部门报送书面统计分析报告。统计分析报告应当由企业主要负责人签字。

4.4 企业应按照《企业突发环境事件风险防控监督管理办法》要求，建立和完善突发环境事件隐患信息系统，将每次排查的原始表格、治理情况等归档保存。

5 生产环节排查要点

按照水、气、渣三类，参考《企业突发环境事件环境风险防范措施》列明排查项目和要点。重点排查环境风险防控措施，例如拦截措施、收集措施、导流措施、清净下水、雨水系统、厂界围堵措施、厂界外环境风险防控措施。同时可以对涉及环境评价、污染物排放、污染防治设施运行、自动监控设备运行等情况一并进行排查。

6 储存环节排查要点

根据石油化工生产活动全过程的气、液、固三态环境风险物质储存环节的相关规范和标准，参考《企业突发环境事件环境风险防范措施》列明排查项目和要点，进行环境事件隐患排查。重点排查储存环节环境风险防控与自动监控设备运行等措施情况，其要求同上。

7 运输环节排查要点

根据企业气、液、固三态环境风险物质运输环节的相关规范和标准，参考《企业突发环境事件环境风险防范措施》列明排查项目和要点，进行环境事件隐患排查。重点排查运输环节的环境风险防控与事故应急处置措施情况，其要求同上。

8 废物处置环节排查要点

根据企业气、液、固三态废物处置的相关规范和标准，参考《企业突发环境事件环境风险防范措施》列明排查项目和要点，进行环境事件隐患排查。重点排查废物处置环节的环境风险防控与事故应急处置措施情况，其要求同上。

9 企业环境应急管理排查要点

9.1 排查企业环境应急管理机构设立和人员配备情况，落实资金、设备等保障情况。

9.2 排查企业环境应急管理和技术岗位责任制落实情况。此项排查频次应不少于每月一次。

9.3 按照《企业突发环境事件风险评估指南》，排查企业开展突发环境事件环境风险等级评估情况。

9.4 按照《突发环境事件应急预案管理暂行办法》，排查企业《突发环境事件应急预案》编制、备案、修订，以及环境应急演练等情况。

9.5 参照《突发环境事件信息报告办法》，排查企业相关制度的建立和落实情况，重点是突发环境事件报告、通报的流程是否高效、合理，是否有专人负责报告突发环境事件信息。

9.6 排查企业环境应急处置队伍的建设情况，企业环境应急培训情况。

9.7 排查环境应急物资储备的种类、数量及更新情况，相应管理制度的制定情况。此项排查频次应不少于每月一次。

9.8 排查环评和验收批复的各项环境风险防范措施落实情况。

9.9 排查突发环境事件整改情况。排查是否查清事件原因、进行责任追究并落实整改措施，是否进行污染损害评估等。

9.10 排查可能引发次生突发环境事件的生产安全事故隐患的治理情况，以前排查出的突发环境事件隐患的治理情况。

10 环境风险受体与风险防控措施要点

10.1 环境风险受体

主要包括各类自然保护区、风景名胜区、饮用水水源保护区、地质公园，以居住、医疗卫生、文化教育、科研、行政办公等为主要功能的区域，文物保护单位等。

10.2 环境风险防控措施

主要包括厂区内的阻截措施、导流措施、收集措施、清净下水系统防控措施、雨水系统防控措施、厂界防控措施和厂界外风险防控措施等。

（1）装置围堰与罐区防火堤（围堰）外应设置切换阀。在正常情况下通向雨水系统的阀门应处于关闭状态，通向事故存液池、应急事故水池、清净下水排放缓冲池或污水处理系统的阀门应处于打开状态。保证初期雨水、泄漏物和消防水排入污水系统，清净雨水排入雨水或清净下水系统。

（2）清净下水排放缓冲池（或雨水收集池）出水管上应设有切换阀，正常情况下阀门应为关闭状态，防止受污染的水外排。池内应设有提升设施，提升设施应运转正常，能将所集物送至厂区内污水处理设施。排放缓冲池保持足够容积。

（3）清净下水系统（或排入雨水系统）的总排口应具有关闭设施，紧急情况下封堵总排口，防止受污染的雨水、清净下水、消防水和泄漏物进入外环境。

（4）初期雨水收集池或雨水监控池总容积应满足紧急情况下容纳泄漏物质、降雨、消防水等的需要。出水管上应设置切换阀，正常情况下阀门关闭，防止受污染的水外排。池内应设有提升设施，能将所集物送至厂区内污水处理设施处理。收集池或雨水监控池内保持足够容积。

（5）雨水系统总排口（含泄洪渠）应设置关闭设施，紧急情况下封堵雨水排口（含与清净下水共用一套排水系统情况），防止受污染的雨水、清净下水、消防水和泄漏物进入外环境。生产区、罐区如果有区域排洪沟的，应有防止泄漏物、消防水流入排洪沟的措施。

（6）厂界外风险防控措施是指阻断污染物向外环境持续扩散的各类工程措施，主要包括在河流、湖泊、水库或饮用水水源保护区的上游，建设节制阀、拦污坝、调水沟渠、导流渠、蓄污湿地等工程措施，或者通过现有水利工程措施，实现紧急状态下对污染物的拦截、导流、调水、降污功能，防止污染扩大。

在排查过程中，应将生产、储存、运输、废物处置等各环节分别编制表格，为企业环境事件隐患监管提供依据。具体参见附则。

11 附则

石油化工企业突发环境事件隐患排查表。

表 1　企业基本信息表

01 单位代码	组织机构代码	□□□□□□□□—□	
	登记注册号	□□□□□□□□□□□□□□□□□□	
02 单位名称	（盖章）		
03 法定代表人（负责人）		04 开业（成立）时间	□□□□年□□月
05 归属法人单位代码	□□□□□□□□—□	06 归属法人单位名称	
07 单位所在地及邮政编码 省（自治区、直辖市）　地（区、市、州、盟）　县（区、市、旗） 乡（镇）　街（村）、门牌号　邮政编码：□□□□□□			
08 联系人		09 联系电话	□□□□□□□□□□□□□
10 主要业务活动（或主要产品）	1　；2　；3　。		
11 所属行业名称		12 所属行业代码	
13 从业人员数	人	14 单位规模	□大型；□中型；□小型
15 工业生产总值	万元	16 厂区面积	m^2
单位生产使用的原料名称（按实际品种填写）及数量（千克/年）		单位主要产品、副产品的商品名称	
单位主要产品、副产品的化学名称		单位主要产品、副产品的物理状态	□气体；□液体；□固体
单位主要产品的设计生产能力　吨/年，实际生产能力　吨/年		副产品的设计生产能力　吨/年，实际生产能力　吨/年	
单位生产设备状态	□密闭式；□半密闭式；□敞开式	单位生产方式	□连续式；□间歇式
单位使用或产生剧毒物质名称、理化特性及处置方法			
备注：			

表2　生产环节突发环境事件隐患排查表

序号	排查内容	依据	备注
1	环境影响评价报告、审批	《环境影响评价技术导则 石油化工建设项目》	
2	“三同时”验收情况	《中华人民共和国环境保护法》第二十六条 《建设项目环境影响技术评价导则》（HJ 616—2011）	
3	主要生产工艺和设备等符合产业政策情况	《促进产业结构调整暂行规定》（国发[2005]40号）	
4	污染防治措施及环保设施（设备）运行管理情况	《固定污染源监测质量保证与质量控制技术规范（试行）》	
5	对本单位产生的废水、废气、危险废物、噪声等污染物的全监测能力	《中华人民共和国环境保护法》	
6	本单位具有一类有毒有害污染物及达标排放情况	《中华人民共和国环境保护法》	
7	本单位有二类污染物达标排放情况	《中华人民共和国环境保护法》	
8	企业污水处理设施进水口特征污染物每天监测情况	《环境监测质量管理技术导则》HJ 630—2011	
9	排污口规范与在线监测联网监控系统	《中华人民共和国环境保护法》第十一条	
10	企业存在有毒有害无组织排放气体情况	《大气污染物综合排放标准》 《工业污染源现场检查技术规范》（HJ 606—2011）	
11	卫生防护距离是否满足要求	《化工建设项目环境保护设计规范》（GB 50483—2009）	
12	卫生防护距离内是否有居民（数量）		
13	堵漏、收集器材配备情况	《全国重点行业企业环境风险及化学品检查工作方案》	
14	环保设施配备及稳定运行情况	《中华人民共和国环境保护法》第二十四条、第二十六条	
15	厂区内各类环保警示标识	《环境保护图形标志》	
16	应急通道及避难场所		
17	清洁生产工艺	《中华人民共和国清洁生产促进法》	
18	排污申报登记制度及排污许可证制度	《中华人民共和国环境保护法》第二十七条 《中华人民共和国水污染防治法》第二十条	
19	事故泄漏后外环境污染物的消除方案		
20	事故处理过程中产生的伴生/次生污染的消除措施		
备注：			

表 3 企业环境事故风险、隐患情况

表 3-1 生产单元环境风险

<table>
<tr><th>序号</th><th colspan="2">排查内容</th><th>依据</th><th>备注</th></tr>
<tr><td>1</td><td colspan="2">风险特征</td><td></td><td></td></tr>
<tr><td rowspan="10">2</td><td rowspan="10">危险物质类别</td><td>1 类爆炸品</td><td rowspan="10">常用危险化学品的分类及标志
GB 13690—1992</td><td rowspan="10"></td></tr>
<tr><td>2.1 类易燃气体</td></tr>
<tr><td>2.3 类毒性气体</td></tr>
<tr><td>3 类易燃液体</td></tr>
<tr><td>4.1 类易燃固体</td></tr>
<tr><td>4.2 类易于自燃的物质</td></tr>
<tr><td>4.3 类遇水放出易燃气体物质</td></tr>
<tr><td>5.1 类氧化性物质</td></tr>
<tr><td>5.2 类有机过氧化物</td></tr>
<tr><td>6.1 类毒性物质</td></tr>
<tr><td rowspan="4">3</td><td rowspan="4">环境安全保护系统</td><td>紧急停车环境安全预警与应急预案</td><td></td><td></td></tr>
<tr><td>厂界气体/液体泄漏监测报警系统</td><td></td><td></td></tr>
<tr><td>火灾、爆炸及中毒事故救援过程中产生次生环境风险的监测报警系统</td><td></td><td></td></tr>
<tr><td>火灾、爆爆产生有毒气体泄漏事故等处理系统装置</td><td></td><td></td></tr>
<tr><td>4</td><td colspan="2">围堰建设情况</td><td>《事故状态下水体污染的预防与控制技术要求》（Q/SY 1190—2009）</td><td></td></tr>
<tr><td rowspan="3">5</td><td colspan="2">事故池以及阻止事故污水进入外环境的切断装置建设情况</td><td>《水体污染防控紧急措施设计导则》（中国石化建标〔2006〕43 号）
《事故状态下水体污染的预防与控制技术要求》（Q/SY 1190—2009）</td><td></td></tr>
<tr><td colspan="2">应急事故水池</td><td>《化工建设项目环境保护设计规范》（GB 50483—2009）</td><td></td></tr>
<tr><td colspan="2">现场应急处理设施</td><td>《工业企业设计卫生标准》（GBZ 1—2010）</td><td></td></tr>
<tr><td>6</td><td colspan="2">专用排泄沟/管</td><td>《储罐区防火堤设计规范》（GB 50351—2005）</td><td></td></tr>
<tr><td>7</td><td colspan="2">清净下水排放切换阀门</td><td>《中国石油天然气集团公司石油化工企业水污染应急防控技术指南》（试行）</td><td></td></tr>
</table>

序号	排查内容	依据	备注
8	清净下水排放缓冲池	《事故状态下水体污染的预防与控制技术要求》（Q/SY 1190—2009）	
	初期雨水收集池	《事故状态下水体污染的预防与控制技术要求》（Q/SY 1190—2009） 《石油化工企业环境保护设计规范》（SH 3024—1995）	
	雨水总排口关闭阀闸	《事故状态下水体污染的预防与控制技术要求》（Q/SY 1190—2009）	
	生产废水总排口关闭阀闸	《事故状态下水体污染的预防与控制技术要求》（Q/SY 1190—2009）	
9	地面防渗	《石油化工企业环境保护设计规范》（SH 3024—1995）	
10	雨污分流系统的建设情况	《石油化工企业环境保护设计规范》（SH 3024—1995） 《化工建设项目环境保护设计规范》（GB 50483—2009）	
11	泄漏气体吸收装置	《全国重点行业企业环境风险及化学品检查工作方案》	
12	爆炸危险区域、腐蚀区域划分		
13	防爆、防腐方案	《石油化工企业环境保护设计规范》（SH 3024—1995）	
14	紧急救援站	《建设项目环境风险评价技术导则》（HJ/T 169—2004） 《工业企业职业危害应急救援措施》	
15	有毒气体防护站设计	《建设项目环境风险评价技术导则》（HJ/T 169—2004） 《工业企业职业危害应急救援措施》	
备注：			

表 3-2 企业污水产生及处理处置情况

序号	内容	依据	备注
1	排放的污水中是否含有一类污染物	《化工建设项目环境保护设计规范》（GB 50483—2009） 《污水综合排放标准》（GB 8978—1996）	
2	污水产生量	《环境影响评价技术导则 石油化工建设项目》	
3	污水排放量	《环境影响评价技术导则 石油化工建设项目》	
4	排放去向	《环境影响评价技术导则 石油化工建设项目》	
5	本单位排放污水中二类污染物达标情况	《污水综合排放标准》（GB 8978—1996）	
6	排放的废水下游 5 km 内有无饮用水源地保护区、自来水厂取水口、水产养殖区、重要湿地等（用文字说明）	《中华人民共和国水污染防治法》	
7	废水超标排放控制措施	《中华人民共和国水污染防治法》第十八条 《化工建设项目环境保护设计规范》（GB 50483—2009）	
8	各类处理药剂的储备情况	《固定污染源监测质量保证与质量控制技术规范（试行）》	
9	各种污水处理装置、事故池、监控池的处理能力	《化工建设项目环境保护设计规范》（GB 50483—2009） 《石油化工企业给水排水系统设计规范》（SH 3015—2003）	
10	各清、污、雨水管网的布设以及最终排放口，设置消防水收集系统	《石油化工企业环境保护设计规范》（SH 3024—1995）	
11	排放口与外部水体间切断设施		
备注：			

表 3-3 单位废气产生及处理处置情况

序号	内容	依据	备注
1	排放的废气中含有哪些重金属和剧毒物质、排放量吨/年（用文字说明）	《大气污染物综合排放标准》（GB 16297）	
2	SO_2、NO_x 等废气产生量	《中华人民共和国大气污染防治法》	
3	SO_2、NO_x 等废气的排放量	《中华人民共和国大气污染防治法》第十三条	
4	脱硫、脱氮、脱硝主要工艺及效果（用文字说明）	《工业污染源现场检查技术规范》（HJ 606—2011）	
5	非正常工况下所产生的废气、异味、恶臭对周边 5 km 范围内居民区、学校、医院、村庄等影响的人口总数		
6	工厂废气排放	《环境影响评价技术导则 石油化工建设项目》 《中华人民共和国大气污染防治法》第十三条	
7	废气排放源头清单	《环境影响评价技术导则 大气环境》（HJ 2.2—2008）	
8	废气排放防治措施	《中华人民共和国大气污染防治法》	
9	办理废气排放许可证办理情况	《中华人民共和国大气污染防治法》第十五条	
10	废气排放监测管理	《中华人民共和国大气污染防治法》第二十二条	
11	各类中和药剂的储备情况	《固定污染源监测质量保证与质量控制技术规范（试行）》	
12	治理设施的运行记录情况	《固定污染源监测质量保证与质量控制技术规范（试行）》	
13	突然性事件，排放和泄漏有毒有害气体和放射性物质的应急措施	《中华人民共和国大气污染防治法》第二十条	
备注：			

表 3-4 固体废物污染防治排查表

序号	排查内容	依据	备注
1	排放的固体废弃物中含有哪些重金属和剧毒物质、排放量　　吨/年（用文字说明）	《危险废物鉴别标准》（GB 5085）	
2	对有害物质进行收集和处理	《石油化工企业环境保护设计规范》（SH 3024—1995）	
3	对有害物质进行处理及运输	《中华人民共和国固体废物污染环境防治法》 《石油化工企业环境保护设计规范》（SH 3024—1995）	
4	标识制度 1）危险废物的容器和包装物必须设置危险废物识别标志 2）危险废物收集、储存、运输、利用、处置危险废物的设施、场所，必须设置危险废物识别标志	《中华人民共和国固体废物污染环境防治法》第五十二条 《危险废物储存污染控制标准》（GB 18597—2001） 《石油化工企业环境保护设计规范》（SH 3024—1995）	
	管理计划制度 1）危险废物管理计划包括减少危险废物产生量和危害性的措施。 2）危险废物管理计划包括危险废物储存、利用、处置措施。 3）报所在地县级以上地方人民政府环境保护行政主管部门备案。 4）危险废物管理计划内容有重大改变的，应当及时申报	《中华人民共和国固体废物污染环境防治法》第五十三条	
	申报登记制度 1）如实地向所在地县级以上地方人民政府环境保护行政主管部门申报危险废物的种类、产生量、流向、储存、处置等有关资料。 能提供证明材料，证明所申报数据的真实性和合理性。如关于危险废物产生的处理情况的日常记录等。 2）申报事项有重大改变的，应当及时申报	《中华人民共和国固体废物污染环境防治法》第五十三条	
	源头分类制度 按照危险废物特性分类进行收集、储存	《中华人民共和国固体废物污染环境防治法》第五十八条	
5	对有害物质的储藏管理是否符合二次收集政策（如收集废物装置，废物分类等）	《中华人民共和国固体废物污染环境防治法》	

序号	排查内容	依据	备注
6	是否有废物储存清单及制订完善的追踪体系	《中华人民共和国固体废物污染环境防治法》	
7	防扬散、防流失、防渗漏措施的落实情况		
8	专用储存场所（防止与一般固体废物混存）	《中华人民共和国固体废物污染环境防治法》	
9	危险废物管理制度包括监控系统	《中华人民共和国固体废物污染环境防治法》	
10	各类危险废弃物的检查处置方式、处置量及综合利用量（文字说明检查处置方式和综合利用情况）		
11	处置设施污染物排放监测		
12	转移联单制度 1）在转移危险废物前，向环保部门报批危险废物转移计划，并得到批准。 2）转移危险废物的，按照《危险废物转移联单管理办法》有关规定，如实填写转移联单中产生单位栏目，并加盖公章。 3）转移联单保存齐全	《中华人民共和国固体废物污染环境防治法》第五十九条	
13	经营许可证制度 1）转移的危险废物，全部提供或委托给持危险废物经营许可证的单位从事收集、储存、利用、处置的活动。 2）有与危险废物经营单位签订的委托利用、处置危险废物合同	《中华人民共和国固体废物污染环境防治法》第五十七条	
14	储存设施管理 1）依法进行环境影响评价，完成“三同时”验收。 2）符合《危险废物储存污染控制标准》的有关要求。 3）储存期限不超过一年；延长储存期限的，报经环保部门批准。 4）未混合储存性质不相容而未经安全性处置的危险废物。 5）未将危险废物混入非危险废物中储存。 6）建立危险废物储存台账，并如实记录危险废物储存情况	《中华人民共和国固体废物污染环境防治法》第十三条、第五十八条	
15	利用设施管理 1）依法进行环境影响评价，完成“三同时”验收。 2）建立危险废物利用台账，并如实记录危险废物利用情况。 3）定期对利用设施污染物排放进行环境监测，并符合相关标准要求	《中华人民共和国固体废物污染环境防治法》第十三条	

序号	排查内容	依据	备注
16	处置设施管理 1）依法进行环境影响评价，完成“三同时”验收。 2）符合《危险废物焚烧污染控制标准》《危险废物填埋污染控制标准》的有关要求。 3）建立危险废物处置台账，并如实记录危险废物处置情况。 4）定期对处置设施污染物排放进行环境监测，并符合《危险废物焚烧污染控制标准》《危险废物填埋污染控制标准》等相关标准要求	《中华人民共和国固体废物污染环境防治法》第十三条、第五十五条	
17	固体废物的回收利用	《化工建设项目环境保护设计规范》（GB 50483—2009）	
备注：			

表 3-5 企业环境应急管理隐患排查

序号	内容	依据	备注
1	企业环境应急管理机构设立及人员配备情况（排查内容包括：设置环境应急管理机构、配备专兼职应急管理人员、采取一把手负责制、采用环境风险事故责任调查制）	《突发环境事件应急预案管理暂行办法》	
2	企业环境应急管理和技术岗位责任制落实情况	《突发环境事件应急预案管理暂行办法》	
3	企业开展突发环境事件环境风险等级评估情况	《企业突发环境事件风险评估指南》	
4	企业《突发环境事件应急预案》编制、备案、修订，以及环境应急演练等情况	《突发环境事件应急预案管理暂行办法》	
5	企业相关制度的建立和落实情况，重点是突发环境事件报告、通报的流程是否高效、合理，是否有专人负责报告突发环境事件信息	《突发环境事件信息报告办法》	
6	企业环境应急处置队伍的建设、培训情况	《突发环境事件应急预案管理暂行办法》	
7	环境应急物资储备的种类、数量及更新情况，相应管理制度的制定情况	《国家突发环境事件应急预案》	
8	环评和验收批复的各项环境风险防范措施落实情况		
9	突发环境事件整改情况（是否查清事件原因、进行责任追究并落实整改措施，是否进行污染损害评估等）		
10	可能引发次生突发环境事件的生产安全事故隐患的治理情况		
备注			

参考文献

第 1 章

[1] EU Council.Council Director　96/82/EC of 9 December 1996 on the Control of Major Accident Hazards involving Dangerous Substances[J].Official Journal of the European Communities，1997，40（L010）：13-33.

[2] San Porter，Jurgen Wetting.Policy Issues on the Control of Major Accident Hazards and the New Seveso II Director [J].Journal of Hazardous Materials，1999，65（1/2）：1-4.

第 3 章

[1] EU Council.Council Director　96/82/EC of 9 December 1996 on the Control of Major Accident Hazards involving Dangerous Substances[J]. Official Journal of the European Communities，1997，40（L010）：13-33.

[2] NewSeveso II Director [J].Journal of Hazardous Materials，1999，65（1/2）：1-4.

第 5 章

[1] 蒋军成. 危险化学品安全技术与管理[M]. 北京：化学工业出版社，2009.

[2] 李政禹. 欧洲联盟重大化学危险源的立法管理[J]. 现代化工，2001，21（8）：45-48.

[3] 孟幻. 环保部今年受理环境污染案 1469 起环境形势严峻[EB/OL]. http：//news.sohu.com/20101217/n278355877.shtml，2011-01-03.

[4] 李政禹. 国际化学品安全管理战略[M]. 北京：化学工业出版社，2006：247-252.

[5] EU Council. Council Director　96/ 82/ EC of 9 December 1996 on the Control of Major Accident Hazards involving Dangerous Substances [J]. Official Journal of the European Communities，1997，40（L010）：13-33.

第 6 章

[1] 刘相梅，任艳明. 环境经济[J]. 2011，387.

[2] 柯兰海. 国际石油经济[J]. 能源安全，2004（2）.

[3] 周劲风. 我国环境信息系统研究进展[J]. 环境科学动态，2002，2（1）：27-30.

[4] 范维澄，袁宏永. 我国应急平台现状分析[EB/OL]. http：//www.egovpku.com，2007-04-01.

第 8 章

[1] 方堃，朱达俊.《塞维索指令》的多维度解读及启示[J].. 法商研究，2011（4）：135-144.

[2] 吴宗之. 制定我国重大危险源识准的探讨[J].. 劳动保护科学技术，1995，1（1）：16-19.

[3] 吴正祥. 危险源分级管理是控制重大事故的重要途径[J].. 水利电力劳动保护，1994（1）：5-6.

[4] 范娟. 环境应急管理体系的创新之举[J].. 环境保护，2009，15.

[5] 汪劲. 环境法学[M].. 北京：北京大学出版社，2006，269.

[6] 李义平. 经济学百年——从社会主义市场经济出发的选择与评价. 三联书店，2007，303.

[7] 郭翔鹏. 环保总局副局长潘岳接受晨报记者专访，称重要环保条例立法受阻——环保总局已开展规划环评试点[N]. 新闻晨报，2007-11-04.

第 9 章

[1] 吴宗之，孙猛. 200 起危险化学品公路运输事故的统计分析及对策研究[J]. 中国安全生产科学技术，2006，2（2）：3-8.

[2] 张江华，赵来军，吴勤. 危险化学品泄漏扩散研究探讨[J]. 中国公共安全（学术版），2007（3）：35-37.

[3] 赵来军，吴萍，刘寅斌. 我国危险化学品安全监管网络整合研究[J]. 中国安全科学学报，2009，19（2）：47-52.

[4] 李艳华，梁立达，田宏. 危险化学品仓储存在的问题和安全对策[J]. 工业安全与环保，2009，35（2）：60-62.

[5] 刘静，陈雷. 基于主成分分析法的危险化学品事故统计分析方法研究[J]. 武警学院学报，2010，26（10）：15-17.

[6] 解胜利，高飞. 高校实验室危险化学品的安全使用与管理[J]. 化工时刊，2010，2（11）：65-67.

[7] 李合林. 危险化学品生产、储运和废弃中安全问题及对策[J]. 石油化工安全技术，2006，22（6）：10-13.